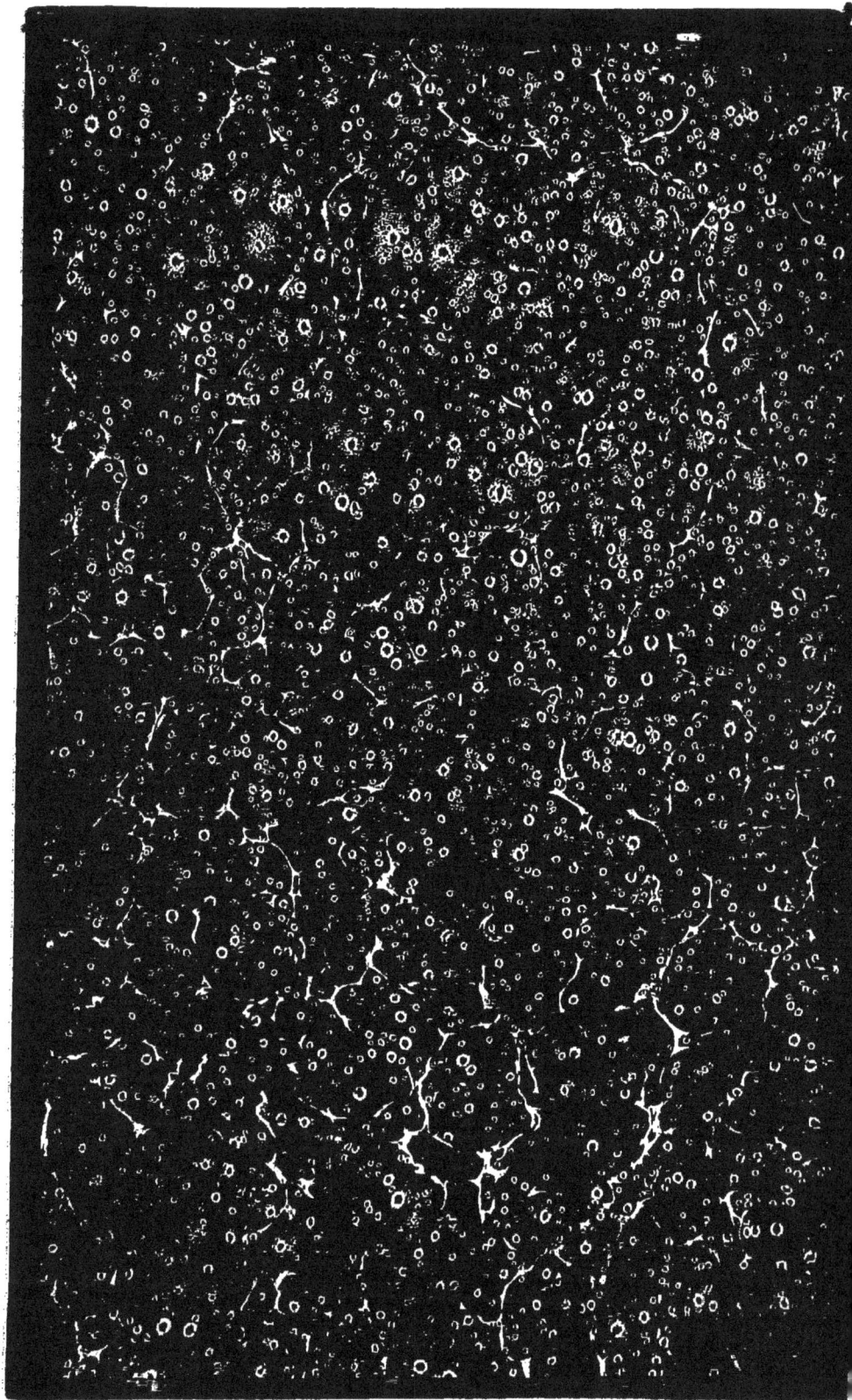

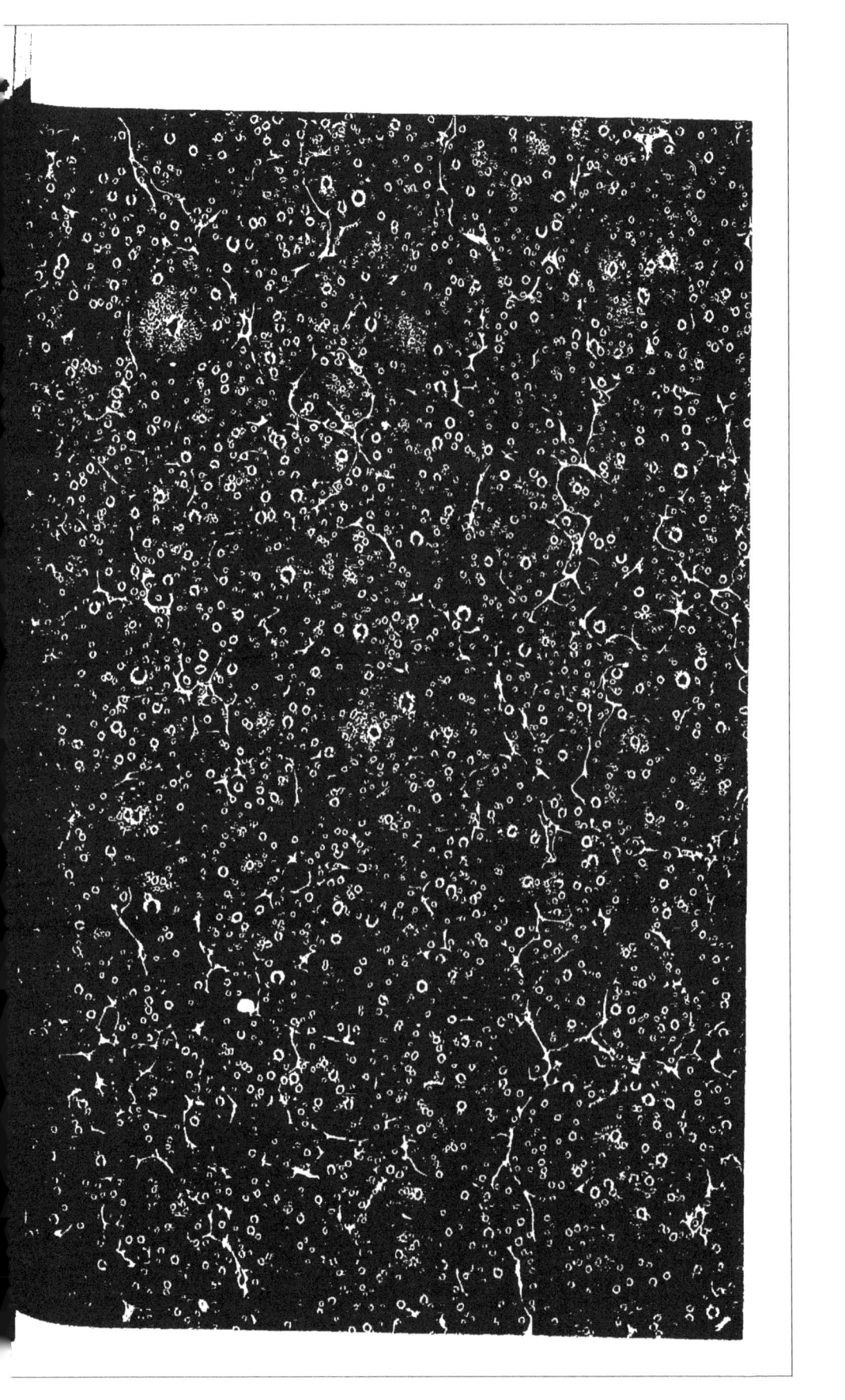

T 2660

EXPOSÉ

DES EXPÉRIENCES

SUR LE

MAGNÉTISME ANIMAL,

FAITES A L'HOTEL-DIEU DE PARIS,

PENDANT LE COURS DES MOIS D'OCTOBRE, NOVEMBRE ET DÉCEMBRE 1820;

PAR J. DUPOTET,

Étudiant en Médecine à la Faculté de Paris, Membre résidant de
la Société du Magnétisme de la même ville.

Quel est le but des sciences, si ce n'est de découvrir la vérité
par l'observation des lois de la nature ? Que peut sou-
haiter celui qui se livre à son étude? si ce n'est, pendant
le court espace de sa vie, de découvrir quelques-unes
de ces vérités qui, une fois bien reconnues, ne peuvent
jamais périr ; car tel est le partage, et pour ainsi dire l'es-
sence des vérités, que le temps ne les use ni ne les affaiblit.

BIOT, *Mercure du mois de mai* 1810.

PARIS,

BECHET JEUNE, Libraire, place de l'École de Médecine.

DELAUNAY,
DENTU, } Libraires, Palais-Royal, Galerie-de-Bois.

~~~~~~~~

1821.

tes qu'il est alors très-difficile de faire excuser.

Une analyse, dite raisonnée, insérée dans la Revue Médicale, 11e. année, 1re. livraison, 1821, page 20, par *Amédée Dupau*, m'a donné lieu de faire les réflexions qui précèdent. Je dois relever la manière légère et inexacte avec laquelle il rend compte, pages 43 et suivantes, *des observations qui ont fait*, dit-il, *grand bruit à l'Hôtel-Dieu de Paris*(1); mais, laissant, absolument de côté, l'examen des propositions hasardées, dans l'analyse citée, sur le Magnétisme animal, je me contenterai d'opposer aux citations un rapport circonstancié et relevé littéralement sur les procès-verbaux tenus, lors de chaque séance, par M. Husson, l'un des médecins en chef de cet hôpital, des faits provoqués à l'aide de mon influence magnétique; ils ont, en outre, eu lieu en présence d'une vingtaine de spectateurs, tous médecins, ayant manifesté le désir d'être témoins de quelques phénomènes magnétiques, dont ils paraissaient n'avoir que des idées très-imparfaites, et se reprochant ouvertement la respectueuse soumission qui les avait condamnés, jusqu'alors, sur ce point essentiel de physiologie, à une trop profonde indifférence.

---

(1) Voyez-en le texte, à la fin.

Le 20 octobre 1820, M. Rossen, docteur médecin, eut occasion de parler, pendant la visite
de M. Husson, d'une cure dont M. Desprez,
docteur médecin, jouissant dans le monde d'une
réputation méritée, venait de rendre un compte
particulier à la Société de Médecine pratique de
Paris. Ce dernier annonçait que le magnétisme,
employé contre une *névralgie-sciatique* rebelle,
jusque-là, à tous les moyens thérapeutiques or-
dinaires, en avait opéré la guérison dans un court
espace de temps (1).

_____

(1) M. Desprez a, encore, adressé à la Société de Médecine pratique de Paris, l'observation d'un vomissement qui,
par la violence et les accidens qui l'accompagnaient, pouvait être considéré comme un *cholera-chronique*. M. Mo-
reau, docteur médecin, malgré l'emploi des moyens les
mieux indiqués, n'avait obtenu que des trèves de courte du-
rée. L'opium, porté à des doses énormes, était presque sans
effet. Consulté par les parens, M. Desprez n'avait eu qu'à
approuver le traitement suivi, ne voyant rien de nouveau à tenter; il fut d'avis d'appeler M. Fouquier. Ce
sage praticien jugea sans remède une maladie dont rien
n'avait pu calmer la violence, et tous trois désespéraient
des jours du malade, dont la faiblesse était si grande que
chaque crise semblait devoir l'emporter. Alors seulement,
M. Desprez proposa le magnétisme, sans répondre de son
effet, persuadé que, dans un cas désespéré, *satius est an-
ceps quàm nullum experiri remedium.* Ses confrères ap-

Quelques médecins et étudians en médecine,
présens, prièrent aussitôt M. Husson de per-
mettre que l'on essayât de cet agent nouveau
pour eux, sur quelques malades de l'hôpital,
auprès de qui l'on se trouvait avoir infructueusement épuisé toutes les ressources de l'art.
D'après l'adhésion formelle du chef distingué
auquel ils s'adressaient, M. Breheret, docteur
médecin, se chargea de demander à M. Desprez l'adresse de quelqu'un habitué à magnétiser, afin qu'on invitât celui-ci à se rendre
au vœu commun, et à faire des expériences magnétiques, sous les auspices de M. Husson, et

---

prouvèrent cette tentative ; M. Fouquier parut content
d'avoir une occasion de s'éclairer sur un agent dont on
parle si diversement : le malade fut abandonné à la direction de M. Desprez, qui le fit magnétiser par la personne
qui portait le plus d'intérêt au malade, sa propre femme.
Mais, se défiant de ses notions sur le moyen employé,
il fit à M. Deleuze la prière d'y ajouter ses soins expérimentés ; le Nestor du magnétisme y mit tout l'empressement qu'on doit attendre de sa philantropie. Les vomissemens cessèrent comme par enchantement ; le lendemain,
le malade prit du bouillon ; le surlendemain, il digéra
des potages, puis tout ce qu'on lui présenta ; huit jours ne
s'étaient pas écoulés, qu'il se promenait : sa guérison a été
complète. Il est maintenant chargé de la garde du monu-
ment de Louis XIII, à la Place-Royale.

devant un nombre donné d'observateurs, réunis
à l'Hôtel-Dieu.

Le 25, M. Desprez, en me communiquant les
démarches faites près de lui, m'engagea à me
rendre au vœu de ses confrères.

Je ne me dissimulai point les inconvéniens qui
pourraient résulter pour moi d'une telle condescendance. Je devais craindre naturellement de
paraître un téméraire, pénétrant inconsidérément dans le temple d'Hygie, et de voir les
procédés magnétiques accueillis par le rire et le
sarcasme, sans aucun ménagement pour le motif
qui m'y avait appelé. (J'ai su depuis qu'en effet
aucun de ceux qui devaient assister aux séances,
ne doutait que ma crédulité et ma confiance
dans la vertu du magnétisme, ne fournît bientôt
l'occasion de se moquer amplement de moi et de
donner à l'étudiant en médecine présomptueux
une leçon dont il paraît qu'il aurait eu à se sou-
venir.) Je devais, en outre, examiner sérieuse-
ment si ce début singulier, en face de personnes
plus ou moins savantes, mais toutes avancées
dans une carrière où je n'avais fait encore que
quelque pas; si ce début, dis-je, ne nuirait pas in-
finiment, ou même sans retour, à la généreuse
protection des professeurs auprès desquels je viendrais, chaque jour, chercher l'instruction. Mais,

d'un autre côté, encouragé par les nombreuses expériences que j'avais été à même de tenter depuis
cinq ans, dans Paris, par l'emploi utile que j'avais
fait du magnétisme, en diverses circonstances,
et le soulagement évident qui en était résulté,
je ne balançai plus à promettre de me rendre
au désir de M. Husson et à me dévouer à la
démonstration de faits qui pourraient engager
des personnes éclairées, des médecins enfin, à
secouer les préjugés élevés, depuis Mesmer,
contre sa découverte, et à se livrer, de bonne
foi, à l'étude des phénomènes physiologiques
que présente le magnétisme animal.

J'allai me présenter chez M. Robouam, docteur médecin, alors interne de M. Husson. Il
ne put s'empêcher, tout en m'accueillant très-
obligeamment, de sourire au nom de *magnétiseur*, sous lequel je m'annonçais près de lui;
mais il me donna rendez-vous, pour le lendemain, à la visite de son chef.

Le 26 octobre, je me rendis à l'Hôtel-Dieu.
M. Husson me reçut avec bienveillance, me
proposa de faire des expériences magnétiques
dans les salles qu'il dirigeait, à la condition toutefois qu'elles auraient lieu sur des malades de
son choix, devant les témoins qu'il jugerait
convenable d'admettre, et que je ferais les questions qui me seraient indiquées.

Ces réserves imposées par le même homme qui avait mis tant de méfiance et de circonspection dans les essais faits, vingt ans auparavant, pour s'assurer de l'effet anti-variolique de la vaccine, et de qui on ne peut mettre en doute ni la probité, ni la perspicacité, ont été scrupuleusement respectées. Je ne puis trop lui témoigner ma reconnaissance pour sa bonté envers moi, sa patience et sa constante attention dans l'observation des phénomènes magnétiques que j'ai obtenus, pendant le cours des séances que je vais rapporter.

Je demandai seulement, de mon côté, à magnétiser les malades désignés, dans une chambre particulière, toujours en présence de ceux qui devaient assister aux séances, comme il était convenu; mais je ne savais encore de quelle manière les choses pourraient s'arranger. M. Husson prit donc, à son choix, deux personnes, entre quatre malades, qui étaient également atteintes de vomissements, et les amena dans la chambre de *la Mère-Religieuse*. Ces malades ignorant ce qu'on voulait leur faire, et redoutant quelque opération douloureuse, ne vinrent pas sans une inquiétude qui ne fit que s'accroître, lorsqu'elles se virent placées au milieu d'une assemblée assez nombreuse. Nous fûmes obligés de nous occu-

per d'abord à les rassurer parfaitement et à rame-
ner leur confiance, sans leur dire cependant ce
dont il s'agissait.

Les malades étaient :

1°. Une nommée Barillière, âgée de trente-
cinq ans ;

2°. Une nommée Samson, âgée d'environ dix-
huit ans.

Il convient, avant de parler des séances magnétiques, que je donne des détails sur l'état de la
fille Samson qui a été la seule sur laquelle les expériences se sont prolongées.

Voici le relevé des observations que M. Robouam a recueillies, touchant la maladie de cette
jeune personne, les symptômes qui avaient pré-
cédé, et les remèdes qui ont été administrés.

« Mademoiselle Samson, domestique, âgée de
dix-sept ans et demi, entrée à l'Hôtel-Dieu le 4
mai 1820 ;

» D'une assez bonne constitution, d'un tempé-
rament lymphatique-nerveux ; elle avait été bien
réglée et avait joui d'une bonne santé jusqu'au
mois de février 1819, époque où elle fut exposée
à une grande frayeur et où elle essuya aussi une
averse très-forte qui supprima les menstrues
coulant alors. Le lendemain, elle fut prise de
céphalalgie, de fièvre, de douleurs d'estomac,

et les substances ingérées furent vomies. On la traita par les antispasmodiques qui n'apportèrent aucun soulagement ; les vomissemens continuèrent, ainsi que la fièvre et la douleur à l'épigastre, que la moindre pression augmentait.

» Après trois semaines de souffrances, elle entra à l'hôpital Beaujon, où elle passa six semaines ; on appliqua d'abord des sangsues à l'épigastre ; on administra la tisane de rue ; la douleur fut diminuée ; un vésicatoire et de nouvelles sangsues furent employés sur la même partie. On s'aperçut alors que les saignées réussissaient le mieux. Des pédiluves excitans, des bains de siége rappelèrent les règles qui coulèrent aussi abondamment que de coutume ; les douleurs diminuèrent, mais la malade vomissait toujours tout ce qu'elle prenait, même la tisane. Les potions antispasmodiques et les pilules d'opium qu'on donnait pour calmer l'agitation nocturne, tous les alimens épicés, ou difficiles à digérer, et le vin augmentaient ses douleurs. La malade sortit enfin soulagée, mais les vomissemens continuaient. Quarante jours ne s'étaient pas écoulés depuis ce traitement, que les douleurs augmentèrent et la forcèrent à garder le lit ; la fièvre était forte, la soif intense ; la boisson était aussitôt rejetée qu'ingérée ; la nuit elle éprouvait des sueurs abondantes. La fille Samson entra alors à l'hôpital de la Charité.

» Là, on commença par lui faire une saignée de bras, qui la soulagea un peu, mais il survint un vomissement de sang. (Elle rapporte avoir vomi, le jour même de son entrée, une grande quantité de matière brunâtre qu'on lui dit être du sang.) Elle toussait beaucoup, elle éprouvait des palpitations plus fortes que celles qu'elle avait senties antérieurement. On employa à l'épigastre un vésicatoire que l'on avait fait précéder d'une application de sangsues, trois fois répétée; on fit aussi deux autres saignées de bras: on avait encore usé de sinapismes à l'épigastre; ces moyens avaient fait diminuer la douleur, sans suspendre les vomissemens dont la nature était ou des alimens seulement, ou du sang, sans mélange d'aucun aliment. Un nouveau vésicatoire fut appliqué à l'épigastre; il suppura. Les vomissemens de sang, puis d'alimens, cessèrent pendant trois semaines, et la malade put prendre toute espèce de nourriture. Malgré les pédiluves irritans et les bains de siége, les règles n'avaient pas reparu. Cependant la malade put manger le quart de portion, et bientôt elle sortit, ne sentant plus que des douleurs légères à l'estomac et quelques palpitations, auxquelles se joignoit, par fois, de la toux.

» Peu de jours après, les vomissemens recommencèrent et ont continué depuis. Au bout de trois semaines de séjour chez ses parens, on lui donna de la tisane d'armoise et du vin d'absinthe ; les règles reprirent leur cours, mais en très-petite quantité; les vomissemens furent un peu diminués, le premier jour seulement de l'écoulement; mais, ils devinrent aussi fréquens que par le passé. La malade éprouvait, de même, une constipation opiniâtre; elle avait tous les soirs beaucoup de fièvre, et, chaque fois qu'elle vomissait, elle se sentait un peu soulagée. Un jour elle voulut frotter, aussitôt elle tomba; dès-lors les vomissemens de sang recommencèrent, tous les autres symptômes s'exaspérèrent, et, après huit jours passés si péniblement, elle fut obligée de venir chercher des secours à l'Hôtel-Dieu.

» Tel était son état: elle vomissait abondamment du sang; elle souffrait beaucoup dans la région épigastrique ; la langue était molle, rouge aux bords, et à la pointe, blanche au centre : la malade n'avait pas d'appétit; elle vomissait toutes les substances qui étaient introduites dans l'estomac; elle avait, par fois, des palpitations violentes; la peau était humide, les chairs molles, l'embonpoint assez grand ; le pouls fréquent, régulier, assez développé ; les facultés intellec-tuelles et sensitives étaient saines.

» On employa une saignée de pied , deux sai-gnées de bras et cent cinquante sangsues, en quinze jours ; on lui donna des boissons à la glace : alors, les vomissemens de sang et les palpitations , seule-ment , furent suspendus pendant huit jours, mais elle continua à vomir les substances ingérées. Tous les soirs il y eut paroxisme manifeste : le vingt-troisième jour avant l'époque mensuelle, les règles marquèrent très-légèrement. Mais, malgré l'application de nouvelles sangsues , les pédiluves irritans, les bains de siége chauds, les accidens reparurent, comme précédemment , et les mens-trues ne furent point rappelées ; elles ont cepen-dant toujours marqué un peu, à chaque époque, et , toutes les fois , les accidens augmentés ont été calmés par les saignées et les sangsues.

» Après deux mois et demi de cet état, la fille Samson fut prise d'attaques violentes d'hystérie qui revenaient tous les jours , deux et trois fois ; elles durèrent six semaines. A dater de leur apparition , les vomissemens de sang cessè-rent, mais les palpitations et la toux augmentè-rent : on donna l'assa-fœtida en lavemens ; on administra les bains froids et les affusions froides

sur la tête. La tisane de tilleul - orange et le lait
sont rejetés en grande partie ; on applique successivement trois vésicatoires sur l'épigastre, et
une amélioration momentanée se déclare, chaque
fois. Enfin, peu à peu, les attaques d'hystérie
cessent, ainsi que les palpitations, mais les vomissemens continuent.

» Dans le mois suivant, on a appliqué trois ven-
touses scarifiées et deux vésicatoires, sans autre
succès qu'un soulagement éphémère. On donna,
en même temps, la potion anti-émétique de
Rivière et un grain d'opium ; ils étaient aussitôt vomis qu'introduits dans l'estomac. On eut
recours à la compression sur le ventre, au
moyen d'un corset, et l'on mit la malade à une
diète sévère ; elle fut soulagée un peu, pendant
les six premiers jours ; ensuite les accidens continuèrent comme précédemment.

» Enfin M. Husson, qui vint remplacer M. Récamier dans le service, priva cette infortunée,
pendant dix jours, de toute espèce de boisson et
d'alimens ; elle n'éprouva, de ce traitement, qu'un
soulagement léger et très-fugitif. »

Le 26 octobre, jour où j'ai vu cette malade
pour la première fois, elle était dans l'état suivant:

Langue rouge à ses bords, molle et blanche
au centre ; inappétence, soif vive, douleur vio-

lente dans la région épigastrique ; vomissement
de toutes les substances ; ventre souple , libre ;
respiration aisée, son du thorax naturel, per-
méabilité des poumons parfaite ; urines un peu
colorées ; peau molle, chairs molles, maigreur
assez considérable, pouls fréquent, assez large ;
paroxisme, tous les soirs ; faiblesse très-grande ,
impossibilité de marcher seule. La malade gar-
dait le lit depuis deux mois : tout annonçait chez
elle une mort prochaine , et les médecins qui la
soignaient, ne se dissimulaient plus , désormais ,
l'inutilité de tout remède.

PREMIÈRE SÉANCE.

26 Octobre 1820.

J'ai dit que les deux personnes choisies pour
les expériences magnétiques étaient arrivées dans
la chambre de la mère ; on les fit asseoir en face
l'une de l'autre , et l'on m'invita, après qu'elles
furent parfaitement tranquillisées , à les magnétiser comme il me semblerait convenable.

MM. Husson , Breheret, Rossen , Bricheteau,
Patissier , de Lens, Kergaradec , Rougier , Robouam ; et plusieurs autres médecins se trouvaient
présens à cette première séance. M. Husson s'était

muni d'une montre à secondes, et tenait la plume,
afin d'écrire, au fur et mesure, comme il l'a fait à
toutes les séances subséquentes, le procès-verbal
de ce qui allait se passer.

Je magnétisai, pendant 25 à 30 minutes, la
Dᵉˡˡᵉ. Samson, la première ; elle n'éprouva aucun
effet très-sensible de la passe de mes mains devant elle, sans contact immédiat, mais seulement quelques légers picotemens aux paupières.

J'employai le même temps à magnétiser ensuite la dame Barillière : celle-ci ressentit des
effets marqués, tels qu'une violente céphalalgie,
de la pesanteur très-gênante à l'épigastre ; la face
se colora un peu.

Cette première séance ne donna pas d'autres
résultats : les malades ignoraient absolument ce
que c'était que le magnétisme, et jusqu'à ce nom
même ; aussi l'on s'abstint, pendant quatre séances, de le prononcer devant elles, comme aussi
de raisonner sur les effets observés.

Elles montrèrent successivement assez d'éton-
nement de ce qui leur arrivait par suite des
nouveaux et simples procédés que j'employais
silencieusement, à leur égard.

IIe. SÉANCE.

27 Octobre.

En arrivant, le matin, à l'Hôtel-Dieu, plusieurs des spectateurs de la séance de la veille, vinrent me prévenir *que mademoiselle Samson n'avait pas vomi depuis l'instant où elle avait été magnétisée, mais qu'il ne fallait pas crier au miracle pour cela.* Je leur répondis que je ne croyais point que le magnétisme pût guérir aussi promptement de telles affections, mais que la suspension était d'un heureux augure pour la suite du traitement.

On introduisit les deux malades dans la même salle de réunion.

La D^e. Barillière n'avait trouvé aucun changement dans son état, quoiqu'elle eût éprouvé, dans la séance précédente, des effets plus marqués.

La D^{lle}. Samson s'applaudit, de son côté, de n'avoir pas vomi, sans qu'elle se doutât que mon action magnétique pût en être la cause.....

Les deux malades furent magnétisées, de nouveau, chacune environ une demi-heure. Je ne fis naître, cette fois, chez la première, qu'une sensation assez faible ; la seconde dut, à mon action, de la pesanteur à l'épigastre et à la tête, avec un peu de malaise général.

IIIᵉ. SÉANCE.

28 Octobre.

Le vomissement habituel de la Dˡˡᵉ. Samson avait encore été suspendu ; je la magnétisai, ce jour, trois quarts d'heure, et, pendant ce temps, elle *tomba en somnambulisme*.

Dès lors, comme il s'agissait d'expériences laborieuses à suivre, j'ai cessé de magnétiser l'autre malade. Le mouvement de charité qu'elles avaient si naturellement excité en moi toutes les deux, ne s'était cependant éteint pour aucune d'elles ; mais il fallait profiter de l'état favorable qui venait de se développer chez la Dˡˡᵉ. Samson, et je me vis forcé, par cette circonstance, quoique à regret, de concentrer sur celle-ci toute mon action magnétique, à l'effet de la pousser rapidement à l'état le plus profond possible de somnambulisme artificiel.

Ayant continué de la magnétiser plus énergiquement, je lui adressai quelques paroles qu'elle parut ne pas entendre, puisqu'elle ne fit aucun

signe , même du désir de me répondre. Je la
laissai, pendant trois quarts d'heure, dans cet
état dont j'eus beaucoup de peine à la faire sortir
après : on fut obligé de la porter dans son lit où
elle dormit alors du sommeil naturel, plusieurs
heures de suite. On s'aperçut, dès ce moment,
d'une légère amélioration dans son état ordinaire
de souffrance.

IVᵉ. SÉANCE.

29 Octobre.

La malade, endormie au bout de trente minutes de magnétisation soutenue, donna les
mêmes signes de sommeil magnétique que la
veille , et les mêmes conséquences s'en suivirent,
sans rien de plus remarquable à citer, ici.

Vᵉ. SÉANCE.

30 Octobre.

Le sommeil somnambulique se manifesta en
quinze minutes; je fis quelques questions auxquelles la malade ne répondit que par mono-

syllabes peu intelligibles; j'avertis les spectateurs, très-empressés de recueillir ses premières paroles, que cet embarras dans la faculté de parler arrivait souvent; qu'en se hâtant de le vaincre, on s'exposait à faire beaucoup de mal au sujet, et à troubler peut-être, tout-à-fait, la disposition préparée; j'eus la même peine à la réveiller que les jours précédens; les suites furent encore semblables.

VIᵉ. SÉANCE.

3₁ Octobre.

La séance prit plus d'intérêt; la malade, endormie en quinze minutes, répondit, peu de momens après, à mes questions avec beaucoup de facilité.

D. Mademoiselle Samson, dormez-vous ?

R. Oui, monsieur.

D. Combien de temps voulez-vous dormir ?

R. Trois quarts d'heure.

Interrogée si elle entend quelqu'un parler, ou faire du bruit autour d'elle, elle répond que non.

Alors, plusieurs des spectateurs essayèrent de s'en faire entendre, en lui criant fortement aux oreilles, collectivement ou séparément. On frappa sur les meubles à coups de poing redoublés ; on n'obtint d'elle aucun signe quelconque d'audition.

Les trois quarts d'heure écoulés, je lui demandai s'il était temps de la réveiller ; elle me répliqua que le temps était passé, ce qui, vérifié à la montre, se trouva juste. Je la réveillai, et l'on fut encore obligé, cette fois, de la porter dans son lit, où elle dormit peu.

VIIe. SÉANCE.

1er. Novembre.

La D^{lle}. Samson, arrivée dans la salle au milieu de la réunion ordinaire, déclare n'avoir pas envie de dormir, du tout. Il est neuf heures vingt-quatre minutes ; à vingt-six minutes, elle est complètement endormie. Interrogée si elle dort, elle ne fait aucun signe d'entendement ; trois minutes après, je recommence la même question à laquelle elle répond, oui.

D. Combien de temps voulez-vous dormir ?

R. Jusqu'au soir.

D. Pourquoi ?

R. Je n'ai pas dormi de la nuit.

D. Est-ce qu'en ne vous laissant pas dormir, votre guérison serait retardée ?

R. Oui, monsieur.

D. Voyez-vous votre mal ?

R. Non.

D. Quand le verrez-vous ?

R. Je ne puis encore le dire.

D. Qui empêche que vous ne le voyiez de suite ?

R. Parce que je ne le vois pas.

D. Faudra-t-il vous réveiller pour vous laisser reposer après ?

R. Mais non !

D. Si l'on ne vous éveillait pas, cependant, qu'en arriverait-il ?

R. Rien.

D. Vous vous éveillerez donc toute seule ?

R. Oui, à quatre heures.

D. Si l'on ne vous eût pas magnétisée, croyez-vous que vous eussiez été guérie ?

Pas de réponse.

Même question, après quelque intervalle :

R. Non, monsieur.

D. Pouvez-vous assigner l'époque de votre guérison ?

R. Je ne puis pas dire cela.

D. Pourquoi ne répondez-vous pas à ces messieurs, quand ils vous parlent ?

R. C'est que je ne les entends pas.

D. Comment se fait-il que vous m'entendiez, moi?

R. Parce que vous me guérissez, vous!

Je lui parle, quelquefois, de très-loin et à voix basse, elle m'entend parfaitement et répond juste à mes questions. Plusieurs des assistans lui en font en même temps que moi, essayant de contrefaire ma voix et lui parlant de tout ce qui peut l'intéresser, elle ne les entend pas. On recommence à faire du bruit, de toutes les manières; elle reste impassible, complètement isolée de tout ce qui ne vient pas de moi seul. Enfin je la réveille, et elle peut retourner, sans aucune aide, à son lit.

Je préviens que je conserve littéralement la demande et la réponse citées; mais que je supprime diverses questions oiseuses, ou de répétition en d'autres termes, et les réponses qui en dépendent, parce que mon exactitude ne ferait qu'allonger la narration, sans rien ajouter de plus intéressant pour le lecteur.

VIIIe. SÉANCE.

2 Novembre.

A neuf heures seize minutes, la D^{lle}. Samson, en arrivant et très-éveillée, répond à la question qu'on lui fait, si elle n'a pas envie de dormir, qu'elle ne veut pas dormir.

A neuf heures vingt-une minutes, elle est endormie, sans que je l'aie touchée, ni que j'aie fait aucun geste que lui révèle mon intention. J'avais annoncé, à l'avance, que je me conduirais ainsi, que j'agirais par ma seule volonté.

On me prévient qu'elle a vomi, la veille.

D. Qui vous a endormie ?

R. C'est vous.

D. Pourquoi avez-vous vomi, hier ?

R. C'est parce qu'on m'a donné du bouillon froid.

D. A quelle heure avez-vous vomi ?

R. A quatre heures.

D. Avez-vous mangé après ?

R. Oui, monsieur, et je n'ai pas vomi ce que j'ai pris !

D. Quel accident vous a rendu malade, pour la première fois ?

R. Parce que j'ai eu froid.

D. Y a-t-il long-temps?

R. Un an passé.

D. N'avez-vous pas fait une chute ?

R. Oui, monsieur.

D. Dans cette chute avez-vous porté sur l'estomac ?

R. Non, je suis tombée à la renverse.

D. Croyez-vous que cet accident ait contribué
à votre mal ?

R. Oui, certainement.

D. Pouvez–vous dire l'état actuel de votre
estomac ?

R. Il me fait bien mal.

D. Pouvez-vous voir cet état ?

R. Non, monsieur.

D. Pensez-vous toujours que le magnétisme
vous guérira ?

R. Oui, bien certainement.

D. Combien de temps faudra-t-il vous magni-
tiser pour vous guérir ?

R. Ne vous inquiétez pas, quand je serai guérie, je vous le dirai.

D. Vous rappelez-vous avoir dit, ce matin,
que vous ne parliez pas endormie, et pourtant
vous parlez; pourquoi cette contradiction?

R. Je n'en sais rien.

D. Voyez-vous votre mal mieux que hier?

R. Non.

D. Vous aviez promis hier de dire, à quatre heures, quelque chose sur votre état ?

R. Vous n'étiez pas là, monsieur, et comme il n'y a que vous à qui j'aie à faire, vous n'auriez pas voulu que je le disse à d'autres.

D. Si vous n'avez pas voulu le dire hier, dites-le maintenant. Y a-t-il trop de monde, cela vous gêne-t-il ?

R. Mon Dieu ! non ; je serais contente qu'il y eût ici mille médecins ; ils s'instruiraient, ils en guériraient d'autres.

D. Trouvez-vous quelque remède pour vous guérir ?

R. Je l'ai trouvé et vous aussi ; continuez et je guérirai.

D. Vous croyez donc ne plus vomir ?

R. Certainement, Dieu merci ! il y a assez long-temps que je vomis.

D. Le magnétisme est-il un puissant moyen de vous guérir ?

R. Oui, certainement, et pour moi et pour bien d'autres.

D. Connaissez-vous les autres remèdes qu'on eût pu employer ?

R. Non, monsieur.

D. Que vous a-t-on fait pour vous guérir ?

R. Sangsues, *éventouses*, et puis, vésicatoires,
saignées, bains; enfin sangsues, cinq à six
cents; vésicatoires, sept, dont quatre ici (en
montrant du doigt l'épigastre), des potions, du
musc, etc.

D. Vous a-t-on mis un corset?

R. Oui, c'est M. Récamier et M. Robouam.

D. Quel en a été l'effet?

R. J'ai moins vomi pendant quelques jours,
mais cela est revenu de plus belle! (après un mouvement d'impatience pour tant de questions.)

D. Ce que nous faisons est pour convaincre ces
messieurs de l'utilité du magnétisme. Êtes-vous
contente qu'ils en soient persuadés?

R. Certainement! cela les instruit : quoi
donc?

Je l'ai réveillée à dix heures vingt-deux minutes, sans la toucher et sans l'en prévenir à l'avance,
comme il est d'usage de le faire pendant la séance.
La toux à laquelle elle est sujette, a été entièrement suspendue, mais elle s'est renouvelée aussitôt après le réveil.

M. Husson a désiré être mis en rapport avec
elle, pendant le cours de notre conversation,
afin qu'il pût la questionner, lui-même, directe-
ment. La malade ne l'a pas entendu, ni rien du
bruit extrême fait autour d'elle et recommencé

avec une longue obstination, pour constater son isolement absolu ; elle n'a pas entendu, non plus, les cloches de Notre-Dame qui nous étourdissaient.

IXe. SÉANCE.

3 Novembre.

Les maux sentis à l'estomac et à la tête sont plus forts aujourd'hui. La malade est endormie en deux minutes et demie, sans la toucher ; ma main dirigée seulement à deux pieds de distance d'elle.

On répète diverses questions faites précédemment, elle ne répond pas ; elle ne le fait qu'à celles suivantes :

D. Est-il vrai que, depuis que l'on vous magnétise, vous souffriez plus de la tête et de l'estomac ?

R. Oui.

D. Comment avez-vous passé la journée de hier ?

R. J'ai souffert des douleurs cruelles dans la tête et dans l'estomac.

D. Quelle en est la cause ?

R. Je n'en sais rien.

D. Le magnétisme est-il assez puissant pour enlever le mal ?

R. Oui.

D. Voyez-vous aujourd'hui quelle est la nature de votre mal ?

R. Non, cela m'est impossible.

D. Qu'est-ce que la lucidité ?

R. C'est pour vous dire *plus juste.*

D. Je vais vous magnétiser, dix minutes, pour
soulager votre mal de tête.

R. Guérissez-moi bien de ma tête, *je ne vois
presque pas clair.*

Elle demande à être réveillée au bout de trois
quarts d'heure de séance, ce que je fais, en essayant
à diverses distances toujours plus éloignées. Eveil-
lée, elle tousse et dit souffrir dans l'estomac.

X^e. SÉANCE.

4 Novembre.

Nous étions tous rendus dans la salle ordinaire
de nos séances, la malade ne l'était pas encore.
M. Husson me dit, vous endormez la malade
sans la toucher, et cela très-promptement. Je
voudrais que vous essayassiez d'obtenir le sommeil, sans qu'elle vous vît et qu'elle fût prévenue
de votre arrivée ici. Je lui répondis que j'avais

agi ainsi plusieurs fois, pour m'assurer de l'existence d'un fluide, agent des phénomènes magnétiques, et pour juger de l'opinion qui veut attribuer ces effets extraordinaires à l'imagination seule ; j'ajoutai que je ne garantissais pas le succès, parce que l'action, à distance et à travers des corps intermédiaires, dépendait alors de la susceptibilité particulière de l'individu attaqué ; que, cependant, je me ferais un plaisir d'essayer ce qu'il désirait.

Nous convînmes d'un signal que je pourrais entendre, et M. Husson, qui tenait alors des ciseaux à la main, choisit le moment où il les jeterait sur la table. On m'enferma dans un cabinet pratiqué dans la pièce, formé par une forte cloison en chêne, et dont la porte ferme solidement à clef.

On fit venir la malade, on la plaça, le dos tourné à l'endroit qui me recelait, et à deux pieds de distance. On s'étonna avec elle de ce que je n'étais pas encore arrivé ; on conclut de ce retard que je ne viendrais peut-être pas, que c'était mal à moi de me faire ainsi attendre ; enfin, on donna à mon absence prétendue toutes les apparences de la vérité.

Au signal convenu, quoique je ne susse pas où et à quelle distance était placée Mlle. Samson,

je commençai à magnétiser. (Il était alors 9 heures 35 minutes.) Trois minutes après, elle était
endormie, et, dès le commencement de la direction de ma volonté agissante, on la vit se frotter les yeux, faire des bâillemens et finir par
tomber rapidement dans son sommeil magnétique ordinaire.

Combien je désirais, pourtant, qu'elle passât
dans l'état parfait de somnambulisme clairvoyant
pour elle-même ! Je n'en voulais pas davantage
pour la satisfaction de tous les assistans et la guérison de la malade ; mais, les douleurs trop vives
internes s'opposaient probablement au développement de la faculté attendue.

Alors, je sors de ma retraite et je commence
les interrogations.

D. Mademoiselle Samson, dormez-vous ?

R. Oui, monsieur.

D. Etes-vous mieux que hier ?

R. Oui, je n'ai pas mal à la tête, du tout.

D. Vous voyez que nous sommes beaucoup
de monde ici, en êtes-vous contente ?

R. Oui ; seulement quand j'entre et que je
vois tant de monde, tous mes sens entrent en
révolution.

D. Croyez-vous toujours que le magnétisme
vous guérira ?

R. Oui, monsieur.

D. Croyez-vous toujours devenir lucide ?

R. Oui, monsieur, certainement !

D. Qu'entendez-vous par être lucide ?

R. J'entends que j'entendrai mieux ce que vous me direz, et que je verrai mieux mon état.

D. Y a-t-il trois quarts d'heure que vous dormez ? (Il est 10 heures 20 minutes.)

R. Pas encore tout-à-fait.

M. Robouam la touche.

D. Connaissez-vous qui vous touche ?

R. Non, monsieur.

Il la pince fortement sur le dos de la main, en employant les ongles; elle n'en sent rien. Je la touche, mais légèrement; elle me sent parfaitement.

Je rentre ensuite dans le cabinet et je réveille la malade, en moins d'une minute.

A son réveil, elle éprouva des convulsions assez fortes, suite de ce qui lui avait été fait par une main non mise en rapport avec elle. Je me présente alors comme si je venais d'arriver; je la magnétise et la calme bientôt.

XIe. SÉANCE.

5 Novembre.

On m'enferme dans le cabinet, avant que la malade n'arrive; on la fait asseoir comme la veille; elle dit n'avoir aucune envie de dormir. J'entends le signal, à 9 heures 6 minutes; aussitôt je la magnétise; elle pousse quelques soupirs, porte la main à son front, tousse et s'endort, à 9 minutes et demie. M. Bricheteau la questionne, elle ne lui répond pas.

On m'ouvre la porte, à 13 minutes.

D. Dormez-vous, mademoiselle Samson?

R. Oui.

D. Qui vous a endormie?

R. C'est vous.

D. Mais je n'étais pas là.

R. Je ne sais pas où vous étiez.

Les questions se succédèrent comme précédemment, sur son état, sa lucidité espérée; elle s'obstine à dire qu'il ne lui faut, pour tout remède, que le magnétisme et des alimens bien légers, pour ne pas fatiguer son estomac; elle s'ordonne son lait habituel et de la semoule pour le soir.

Il est annoncé qu'elle a vomi de nouveau, la veille.

D. Pourquoi ne m'avez-vous pas dit que vous aviez vomi ?

R. C'est du vermicelle ; cela fût arrivé à tout le monde de vomir ce qui répugne. Elle ajoute : J'ai mangé de la viande, plus tard, et je ne l'ai pas vomie.

Je lui propose de l'eau magnétisée qu'elle consent à boire, et à laquelle elle ne trouve aucun goût particulier.

M. Bricheteau lance, de loin, avec vivacité, un bassin de cuivre qui passe très-près d'elle et va frapper le carreau avec un son bruyant. On remarque quelque tressaillement dans les paupières de la malade, à peu près comme quand on agite fortement la main devant les yeux de quelqu'un qui dort du sommeil naturel. Je lui demande si elle a entendu du bruit ; elle répond que non.

Avant de la réveiller à l'heure qu'elle a précisée, ce dont j'ai toujours grand soin de m'informer à l'avance, dans le cours des questions, je lui demande si, lorsqu'elle sera réveillée, elle se souviendra que je l'ai endormie. Non, a-t-elle répondu. Effectivement ; réveillée, du cabinet où j'étais rentré et d'où je ne suis pas sorti, pendant qu'elle est restée dans la pièce, elle n'a pas même voulu croire qu'elle eût dormi.

3

Elle n'a indiqué, pour le lendemain, qu'un quart d'heure de sommeil.

XIIe. SEANCE.

6 Novembre.

Il est neuf heures trente-quatre minutes. La D_{lle}. Samson me dit n'avoir pas envie de dormir ; elle se plaint de palpitations, de douleurs au côté : je place une main sur un de ses genoux ; elle soupire, incline la tête sur sa main gauche, le coude étant appuyé sur le bras du fauteuil, et s'endort. Il est trente-cinq minutes et demie.

D. Combien voulez-vous dormir, mademoiselle ?

R. Un quart d'heure.

D. Est-ce que vous êtes souffrante aujourd'hui?

R. Oui, je souffre beaucoup au côté ; cela me gratte, me gratte !...

Je lui magnétise le côté ; elle m'invite à continuer, et dit éprouver un frémissement dans le ventre : après quelques instans, elle annonce ne plus souffrir.

Interrogée si elle me voit, elle répond que non, mais bien, me sentir.

Elle est reveillée en trois quarts de minute.

XIIIe. SÉANCE.

7 Novembre.

Lors de mon arrivée, à neuf heures et un quart, dans le lieu des séances, M. Husson vint me prévenir que M. Récamier désirait être présent et me voir endormir la malade à travers la cloison ; je m'empressai de consentir à ce qu'un témoin aussi recommandable fût admis, sur-le-champ. M. Récamier entra et m'entretint, en particulier, de sa conviction touchant les phénomènes magnétiques. Nous convînmes d'un signal ; je passai dans le cabinet où l'on m'enferma. On fit venir la D^{lle}. Samson ; M. Récamier la plaça à plus de six pieds de distance du cabinet, ce que je ne savais pas, et y tournant le dos. Il cause avec elle, la trouve mieux ; on dit que je ne viendrai pas ; elle veut absolument se retirer. Au moment où M. Récamier lui demande *si elle digère la viande* (c'était le mot du signal convenu entre M. Récamier et moi), je me mets en action ; il est neuf heures trente-deux minutes ; elle s'endort à trente-cinq minutes. Trois minutes après, M. Récamier la touche, lui lève les paupières, la secoue par les mains, la questionne, la pince, frappe sur les meubles, pour faire le plus de bruit

possible ; il la pince, de nouveau, et de toute sa
force, cinq fois ; il recommence à la tourmenter
assez violemment ; il la soulève, à trois différentes
reprises, et la laisse retomber sur son siége. La
malade demeure absolument insensible à tant
d'atteintes que je ne voyais qu'avec la plus grande
peine, sachant que les sensations douloureuses
qui n'étaient pas manifestées en ce moment, se
reproduiraient au réveil, et causeraient des convulsions toujours très-difficiles à calmer.

Enfin, M. Husson et les assistans invitèrent
M. Récamier à cesser des expériences devenues
inutiles, la conviction commune sur l'état d'insensibilité apparente de la malade au contact de
tout ce qui m'était étranger, étant complète.

J'avais fait à celle-ci, pendant ces épreuves,
diverses questions auxquelles elle avait répondu. M. Récamier y avait intercalé les siennes,
sur lesquelles il l'avait vue constamment muette.
Elle m'a dit n'avoir aucun mal à la tête, mais
elle s'est plainte de frémissement dans le côté
qui ne lui fait pas tant de mal aujourd'hui
qu'hier.

Je suis rentré dans le cabinet, et le signal pour
la réveiller ayant été donné, à dix heures vingt-
huit minutes, le réveil a eu lieu à trente minutes.

La toux est revenue aussitôt ; de très-fortes

convulsions, que j'ai eu beaucoup de peine à calmer, se sont manifestées ; la malade a dit ressentir
des picotemens, par plaques, au bras droit. C'é-
taient, en effet, les places où elle avait été pincée.

Je ne me serais pas douté que l'on pût me
soupçonner d'avoir, avec la malade, des intelli-
gences relatives à tout ce qui se passait, et que l'on
pousserait l'assertion de connivence secrète, au
point d'en offrir la preuve, toutefois sans pou-
voir la donner. Les personnes qui se condui-
saient ainsi, n'avaient pas réfléchi que j'étais en-
touré de juges expérimentés et sévères, qui ne
manquaient pas d'observer et la malade, dans
toutes ses actions journalières et nocturnes, et
moi-même, dans toutes mes démarches à l'Hôtel-
Dieu. Ma délicatesse avait dû prévoir cette conduite naturelle de la part du chef, protecteur des
expériences, de même que des médecins qu'il
s'était adjoints : aussi je m'étais scrupuleusement
abstenu de parler à la malade, en aucun autre
lieu que dans la salle des séances, où encore je
ne me suis jamais trouvé seul avec elle.

J'ai dit comment j'avais été sollicité de me
prêter aux expériences que l'on désirait observer ;
comment le choix des malades, fait absolument
sans mon concours, avait rendu la D^lle. Samson
l'objet particulier de ces expériences.

Or, ni M. Husson d'abord, ni moi-même
après, ne pouvions savoir si l'on obtiendrait fa-
cilement des deux malades, ou de l'une d'elles
seulement, une susceptibilité magnétique, favorable aux observations projetées. D'un autre côté,
je ne pouvais connaître cette pauvre fille, traitée
successivement et long-temps dans trois hospices; enfin, depuis neuf mois qu'elle était à
l'Hôtel-Dieu, mes études ne m'avaient pas encore
conduit dans la salle où elle a son lit. Mais
pourquoi entrerais-je, ici, dans une discussion
que le jugement du lecteur prévient, d'après tout
ce qui précède? Il suffit qu'il sache que M. Husson
et les spectateurs habituels des séances m'ont
vengé de toutes fausses inculpations, en prenant
eux-mêmes ma défense ouvertement, en avouant
qu'ils étaient satisfaits et de ma modération dans
certains cas, et de ma bonne foi dans tous, et de
la franchise avec laquelle je m'étais abandonné
à tout ce que le pyrrhonisme avait pu exiger
de ma complaisance.

Il ne me resta plus qu'une crainte, c'est que le
changement prochain de service, en éloignant
M. Husson de l'Hôtel-Dieu, ne me laissât pas le
temps de pousser la malade à un point de lucidité
effectivement utile à son état fâcheux.

XIVᵉ. SÉANCE.

8 Novembre.

La malade est endormie en trente secondes.

D. Comment vous trouvez-vous ?

R. J'ai mal au côté.

D. (Je la magnétise.) Ressentez-vous du bien?

R. Oui, monsieur ; ne vous fatiguez pas le bras.

D. Croyez-vous que le moment où vous devez être lucide approche ?

R. Oui, monsieur.

D. Avez-vous mal autre part ?

R. Toujours à l'estomac.

D. (Après avoir continué de la magnétiser au côté et sur l'estomac.) Comment vous trouvez-vous ?

R. Je n'ai pas autant de mal que j'en avais. *C'est bien drôle, ce qui vient de se passer chez moi ; on aurait dit qu'il s'élevait un grand soleil devant mes yeux.*

D. Le voyez-vous toujours ?

R. Je le vois toujours ; c'est comme quand on sort d'une chambre obscure, et qu'on voit une grande clarté.

D. Croyez-vous que ce soit votre lucidité ?

R. Oui : oh ! je guérirai, bien sûr.

D. Vous verrez donc bientôt à vous ordonner quelques médicamens ?

R. Oui ; et je guérirai, bien sûr. Cela m'étonne, cette clarté !

D. N'avez-vous donc jamais vu cela ?

R. Non, monsieur, je ne l'avais pas encore vu.

D. Où vous frappe cette clarté ?

R. Dans les yeux. Oh ! cela m'étonne beaucoup.

D. Demain serez-vous plus lucide ?

R. Oui, monsieur ; cela me surpasse l'imagination.

D. Vous êtes donc bien étonnée ?

R. Oui, monsieur ; je ne me suis jamais aperçue de cela ?

D. Vous ne voyez rien à vous indiquer ?

R. Non : je ne vois que cette lumière ; elle est devenue si éclatante ! Oh ! cela me *surpasse !*

D. Commencez-vous à voir votre mal ?

R. Non, mais je le verrai demain.

D. Voyez-vous toujours la lumière ?

R. Oui, elle existe toujours.

Elle demande à être réveillée, ce qui s'opère en une minute. Réveillée, elle dit être engourdie et souffrir du bras gauche et de l'épaule droite ; la toux revient.

XVe. SÉANCE.

9 Novembre.

M. Bertrand, docteur médecin de la Faculté de Paris, à qui l'on doit des leçons publiques, très-éclairées et très-sages, sur le magnétisme animal, avait assisté à la séance précédente. Il y avait dit qu'il ne trouvait pas extraordinaire que la magnétisée s'endormît, le magnétiseur étant placé dans le cabinet ; qu'il croyait que le concours particulier des mêmes circonstances environnantes opérerait, hors de ma présence, un semblable effet ; que, du reste, la malade pouvait y être prédisposée naturellement : il proposa donc de faire l'expérience que je vais décrire.

Il s'agissait de faire venir la malade, à l'heure ordinaire, dans le même lieu, de la faire asseoir sur le même siége et à l'endroit habituel ; de tenir les mêmes discours à son égard et avec elle : il lui semblait presque certain que le sommeil devait s'en suivre. Je convins, en conséquence, de n'arriver qu'une demi-heure plus tard qu'à l'ordinaire. A neuf heures trois quarts, on commença à exécuter, vis-à-vis de la D^{lle}. Samson, ce que l'on s'était promis ; on l'avait fait asseoir sur le fauteuil où elle était placée ordinairement, et dans la même position ; on lui fit diverses questions, puis on la laissa tranquille ; on simula les signaux employés, comme de jeter des ciseaux sur la table ; on fit enfin une répétition exacte de ce qui se passait ordinairement ; mais on attendit vainement la similitude qu'on espérait produire chez la malade. Celle-ci se plaignit de son côté gauche, s'agita, se frotta le côté, changea de place, se trouvant incommodée par la chaleur du poële, et ne donna aucun signe du besoin de sommeil, ni naturel, ni magnétique.

J'entre à dix heures cinq minutes. Elle déclare n'avoir aucune envie de dormir ; elle tousse, crache, se mouche. Je la magnétise : bientôt elle se frotte les yeux, tousse de nouveau, remue la tête, et se trouve endormie dans l'espace d'une minute et demie. Je la questionne à dix heures sept minutes, elle ne répond qu'une minute après.

D. Avez-vous toujours mal à la tête ?

R. Oui, monsieur.

D. Vous occupez-vous à présent de votre mal ?

R. Certainement, je m'en occupe, puisqu'il faut que je le voie.

D. Vous en occupez-vous toujours pour nous rendre compte de ce que vous voyez ?

R. Oui : c'est tant drôle ! je ne sais pas ce que

je vois, je vois presque clair; je ne me suis jamais vue comme cela; ah! je suis prête à me
trouver mal.

D. Pourquoi?

R. Je ne le sais pas.

(*Il est dix heures vingt-quatre minutes, je la
magnétise à grands courans.*)

D. Cela vous soulage-t-il?

R. Oui, monsieur.

D. Et maintenant (une minute après), comment vous trouvez-vous?

R. Je suis bien en occupation.

D. Que voyez-vous donc?

R. Je vois mon estomac tout rouge, et des
petits boutons, beaucoup, beaucoup!....

D. Où est votre estomac?

Elle montre la place avec la main.

D. Enfin ne voyez-vous que cela?

R. Je vois mon estomac tout rouge et plein de
boutons rouges.

D. Verrez-vous mieux demain?

R. Oui, mais c'est si drôle! si drôle!...

D. En quel endroit de l'estomac sont les boutons?

R. En dedans.

D. Il faut que vous nous aidiez à vous guérir.

R. Je le fais aussi.

Tous les assistans se lèvent et, formant un groupe entre moi et la malade, m'éloignent d'elle d'environ dix pieds ; ils font un grand bruit, en s'agitant de divers sens. Pendant ce mouvement, je répète à la malade, avec le ton de voix ordinaire : « Il faut que vous nous aidiez à vous guérir ; » elle ne répond pas. Je me rapproche d'elle ; que vous ai-je dit, tout à l'heure ?

R. Je ne vous ai pas entendu, moi !

Je repasse derrière le groupe et je demande, à voix basse, pendant qu'on renouvelle le bruit :

D. Avez-vous entendu ces messieurs ?

Elle ne répond pas.

Le bruit cesse ; on se replace : alors je me rapproche d'elle et lui dis :

D. Comment se fait-il que vous ne m'entendiez pas quand je vous parle ?

R. J'ai entendu que vous avez dit : Cela serait possible. (Paroles qui étaient la fin d'une réponse à une réflexion des assistans.)

Je ne puis attribuer, ici, son silence qu'à l'attention intime qu'elle donnait à la découverte récente de son mal ; ce qui suit me paraît en fournir une preuve convaincante.

D. Voyez encore dans votre estomac.

R. J'y regarde, je vois bien ce qu'il y a ; ô Dieu !

je ne guérirai jamais de cela : que j'ai de chagrin!

D. Cherchez bien, regardez bien ; dites à M. Husson ce que vous voyez?

R. Non , j'ai trop de chagrin ; je suis dans un état abominable.

D. Aidez-nous ; nous vous promettons de vous guérir.

R. Oh ! réveillez-moi, car je me trouverais mal ; autour de mon cœur ce n'est que du sang.

D. Non , non , je ne vous réveillerai pas.

R. Oh ! si : c'est la cause de ce que mon cœur est en révolution.

D. Où est votre cœur (elle met la main sur la région précordiale)? Une larme échappe de son œil ; elle finit par pleurer.

Je la réveille à dix heures cinquante-trois minutes et demie ; aussitôt le réveil, la toux revient.

M. Bertrand propose encore une expérience qui, selon lui, serait décisive pour l'existence d'une puissance naturelle, occulte, agissant indépendamment de la participation du magnétisé, ou du secours de son imagination. Il s'agissait de venir, un soir, à l'Hôtel-Dieu, vers l'heure où tout est tranquille dans les salles, de s'assurer si la malade dormait; dans le cas contraire, je devais m'approcher à un lit d'intervalle, et la magnétiser en secret, à travers les trois rideaux qui se trouveraient tirés entre elle et moi. Je consentis volontiers à cette nouvelle expérience, ne désirant que les occasions de m'instruire et de seconder la même émulation dans les autres personnes présentes à ces séances.

On demande à M. Husson si l'expérience pourrait avoir lieu le soir ; il répondit que, voulant y assister, il indiquerait quel jour.

XVIe. SEANCE.

10 Novembre.

La D^{lle}. Samson, arrivée à neuf heures vingt-sept minutes, dit qu'elle ne veut pas dormir, que déjà elle est morte.

Elle est endormie en une demi-minute.

Elle répond aux questions premières, qu'elle souffre toujours beaucoup de l'estomac et ne peut se coucher sur le côté gauche qui lui fait grand mal. Je la magnétise ; elle s'écrie : « *O Dieu !* » *votre main me fait du bien pourtant ! mais* » *c'est que cela vous fatigue beaucoup ; si vous* » *me soulagez, et que je vous donne du mal* » *après, la belle récompense !* »

D. Je mets tout l'empressement possible à vous soulager.

R. Oui, monsieur, je le vois bien ; je ferai

aussi tout ce que je pourrai pour vous seconder ;
mais c'est, dans mon estomac, tous ces petits
boutons rouges ! Il y en a plus d'un côté que de
l'autre ; vous ne me dites rien.

D. J'attends que vous me décriviez ce que
vous voyez.

R. Mais, mon Dieu ! je vous le dis, c'est beaucoup de petits boutons ; il y en a cinq plus gros
que les autres, trois du côté du dos, deux adhé-
rens dans le côté gauche ; je les vois !

D. Où sont situés les petits boutons ?

R. Ils sont autour des gros, comme quand les
enfans ont la petite vérole.

D. De quelle couleur ?

R. Il y en a de blancs et beaucoup de rouges.

D. Que faut-il faire pour faire passer ces boutons ?

R. C'est difficile ; il y a si long-temps, depuis
quatorze mois que je suis tombée !

D. Dites ce qui vous fait mal dans le côté ?

R. C'est le sang et pas autre chose : dans mon
côté il y a une petite poche pleine de sang, auprès
du cœur, et un fil, si petit, si petit ! qui fait battre
mon cœur comme on sent ; touchez : je la vois,
comme on la verrait dans un corps ouvert : c'est
quand cette poche est pleine que je vomis le sang,
ce qui m'est arrivé avant hier.

D. Avez-vous vomi des alimens avec le sang ?

R. Non, monsieur; il y a long-temps que le vomissement des alimens a cessé.

D. De quelle grosseur est la poche dont vous parlez ?

R. Comme une noix, et la peau est toute fine.

D. Après d'autres questions sur l'eau magnétisée qu'elle avait demandée, ayant grande soif; que pensez-vous du N°. 22 ? (c'est-à-dire, d'une malade dont le lit est en face du sien, et que M. Robouam magnétisait.)

R. Elle va bien, elle ne vomit plus, du tout.

Elle avait déjà demandé à être réveillée, elle insiste; je la réveille.

Retour de la toux.

A cette séance étaient présens MM. Husson, Breheret, Le Roux, Sabatier, Rougier, Robouam, Bertrand, Kergaradec, etc.

Pendant le cours du sommeil magnétique, on l'avait pincée; on lui avait passé une barbe de plume sous le nez, sur les lèvres, et à plusieurs reprises; elle ne donna aucune marque de sensibilité à ce genre de chatouillement, que l'on sait être insupportable.

Plusieurs de ces messieurs lui avaient dit fortement qu'elle s'amusait à tromper, que cette conduite était indigne, et qu'on allait la mettre à la porte, qu'elle jouait la comédie; on lui tint divers autres propos sur le même ton ; on parla en même temps que moi, en lui faisant d'autres questions ; on contrefit ensuite ma voix ; on ne put obtenir de réponse d'elle ; aucune altération ne se fit remarquer dans ses traits.

Elle éprouva, après le réveil, des convulsions très-vives, et l'on fut obligé de la conduire à son lit.

M. Husson annonça qu'il serait libre le soir, pour l'expérience proposée par M. Bertrand, et l'on se donna rendez-vous, à six heures et demie, dans la place du parvis Notre-Dame.

XVIIᵉ. SÉANCE.

10 Novembre, au soir.

J'arrivai à près de sept heures au lieu de réunion : nous montâmes tous ensemble à la salle Sainte-Agnès, où notre malade occupait le lit Nº. 34 ; on me fit placer, dans le plus grand silence, accompagné de deux de ces messieurs, entre les lits 35 et 36.

M. Husson, passant devant le lit de la Dˡˡᵉ. Samson, va visiter une autre malade plus loin, à qui il dit tout haut : « C'est pour vous que

4

je viens ce soir ; vous m'avez inquiété à ma première visite , mais je vous trouve mieux, tran-
quillisez-vous, cela ira bien. » Il revient près du
lit N°. 34, et demande à mademoiselle Samson,
si elle dormait ; celle‑ci répond qu'elle n'a pas
envie de dormir et qu'elle ne dort jamais de si
bonne heure ; elle tousse. Il se retira et vint se
placer à quelques lits de distance, de manière à
être hors de vue de la malade, mais à portée
d'observer ce qui allait se passer.

A sept heures précises, je magnétise la malade ;
à sept heures huit minutes, elle dit, en se parlant
haut à elle-même, « c'est étonnant comme j'ai
mal aux yeux, je tombe de sommeil. »

Deux minutes après, M. Husson passe auprès
d'elle, lui adresse la parole ; elle ne répond pas :
il la touche et n'en obtient rien.

A sept heures onze minutes , nous nous appro-
chons tous, et je lui fais les questions suivantes :

D. Mademoiselle Samson , dormez-vous ?

R. O mon Dieu ! que vous êtes impatientant !

D. Comment vous trouvez-vous ?

R. J'ai mal dans l'estomac, depuis tantôt.

D. Comment se fait-il que vous dormiez du
sommeil magnétique ?

R. Je ne sais pas.

D. Saviez-vous que j'étais là ?

R. Non, monsieur.

D. Si on vous laissait dormir toute la nuit ?

R. Oh ! non , cela me ferait du mal.

D. A quelle heure vous réveilleriez-vous ?

R. Demain matin.

Je lui souhaite le bonsoir , et nous nous reti-
rons tous ensemble.

M. Husson revint à onze heures du soir , il
trouva la D^{lle}. Samson dans la pose où nous
l'avions laissée. L'isolement est toujours complet,
la respiration est dans le même état , telle qu'elle
devenait toujours dans le sommeil magnétique ,
longue et élevée ; la circulation est, dans ce cas ,
beaucoup augmentée et les inspirations dimi-
nuées en nombre. M. Robouam la visita deux
fois pendant la nuit, la trouva toujours dans la
même position. Il la fit surveiller ; on n'aperçut
aucun mouvement de toute la nuit , et la malade
ne s'éveilla qu'entre six et sept heures du matin.
Elle se plaignit beaucoup de mal dans les arti-
culations ; mais elle n'avait aucune idée de ce qui
s'était passé à son sujet.

XVIII*. SÉANCE.

11 Novembre.

La séance de ce jour ne commence qu'à neuf heures quarante-neuf minutes. La malade a froid, mal à la tête, dans les bras; elle dit qu'elle ne dormira pas aujourd'hui; puis, bientôt elle baille, rit, tousse, soupire, veut résister à l'influence magnétique, en disant que l'on a beau faire. Elle se frotte les yeux malgré moi, tousse encore, éprouve du tremblement et s'endort à cinquante-une minutes. Je l'interroge à dix heures seulement :

D. Comment avez-vous passé la nuit?

R. J'ai bien dormi.

D. N'avez-vous senti aucun mal depuis ?

R. J'ai mal dans les bras.

Elle annonce qu'ayant dormi toute la nuit, elle ne veut pas rester long-temps dans ce nouveau sommeil. Alors on presse les questions sur son état; je lui dis que M. Husson va quitter l'Hôtel-Dieu dans trois jours, et qu'il est important qu'elle l'éclaire définitivement; elle témoigne un vif regret de son changement. J'en prends l'occasion de stimuler sa lucidité par mes questions, et en renforçant ma volonté d'une action soutenue. Elle n'ajoute aucun éclaircis-

sement sur sa vision , autre que ceux déjà re-
cueillis , mais elle promet de dire , le lendemain ,
quelque chose qui sera bien intéressant, si toutefois on ne la contrarie pas.

Je la réveille après une demi-heure de sommeil ; mais comme on l'a pincée et secouée encore pendant la séance , elle éprouve sur-le-
champ des mouvemens convulsifs.

XIXe. SÉANCE.

12 Novembre.

Il est neuf heures vingt-neuf minutes. La
D^{lle}. Samson tousse, se frotte les yeux , s'im-
patiente , se plaint, regrette d'être venue ; elle
est endormie à neuf heures trente - une minutes.

D. Quel temps voulez-vous dormir ?

R. Trois quarts d'heure.

D. Vous savez que vous devez aujourd'hui
nous donner des détails sur votre mal ?

R. Oui ; j'en suis occupée beaucoup dans ce
moment. Mais j'éprouve une pesanteur à l'estomac que je n'avais pas en entrant ; cela vient
du lait que j'ai pris ce matin , il me bout comme
un pot au feu.

D. Dites donc votre état et le remède ? M. Husson va s'en aller ; voilà vos trois quarts d'heure qui s'écoulent rapidement.

R. Oh bien! ne me tourmentez donc pas. Les boutons sont toujours rouges, et mon lait me pèse sur l'estomac, parce que la poche de sang n'a plus la même direction. Il me faut, pour guérir, beaucoup d'adoucissans; de la tisane de guimauve, préférable à celle de tilleul-orangé, du looch, comme on en a donné au n°. 27.

D. Voyez-vous plus clair aujourd'hui ?

R. Non, parce que j'ai été contrariée.

D. Qui vous a contrariée ?

R. C'est vous.

Le temps de la réveiller arrive ; M. Husson essaie de le faire ; elle se réveille à moitié, et tombe en convulsions; la toux revient. Enfin le sommeil ne la quitte tout-à-fait qu'après que je l'ai magnétisée, d'abord pour la rendormir, et la réveiller ensuite moi-même.

XXe. SÉANCE.

13 Novembre.

Les mêmes difficultés de la part de la malade, qu'aux deux séances précédentes; les accidens habituels ont lieu ; elle incline sa tête dans la main gauche, pendant que je la magnétise, et s'endort en deux minutes.

D. Comment vous trouvez – vous aujour-d'hui, mademoiselle ?

R. Bien.

D. Pourquoi avez-vous vomi hier ?

R. Ce sont les élancemens que j'ai éprouvés, dans le côté et l'estomac, qui en sont cause.

D. D'où viennent ces élancemens ?

R. Je me suis levée pour faire ma semoule ; j'ai eu des grattemens au cœur, et j'ai vomi de la bile.

D. Croyez-vous que cela retarde votre gué-rison ?

R. Non, monsieur.

D. Voyez-vous toujours vos boutons dans l'estomac ?

R. Il y en a un qui est plus gros que les autres, les petits sont toujours de même : oh ! je ne gué-rirai jamais.

D. Êtes-vous assez lucide pour qu'on s'en rapporte à vous ?

R. Certainement ! Je vois joliment clair au-jourd'hui !

D. Que faut-il vous donner aujourd'hui ?

R. Ma tisane de guimauve, ma semoule et mon looch ; on ne me l'a pas donné hier.

Je la réveille : retour de la toux, soupirs et bâillemens.

XXIᵉ. SÉANCE.

14 Novembre.

La Dˡˡᵉ. Samson est endormie en trente secondes.

N'ayant pu obtenir d'éclaircissement plus étendu sur son estomac, la poche qu'elle disait voir à son cœur, et sur les remèdes nécessaires, les assistans renouvellent divers essais, pour combattre l'isolement de la malade et s'en faire entendre. On renverse les bancs avec fracas, on les frappe contre les armoires, choc qui rend le bruit plus éclatant. On lui dit jusqu'à des injures, on la tourmente de toutes les façons qu'on croit plus propres à la troubler ; elle reste dans un état d'impassibilité absolue.

Ainsi, cette séance n'a eu rien qui la fasse différer de plusieurs autres, que par l'obstination dans les moyens employés, sans succès, pour vaincre le sommeil magnétique, et y dérober tout-à-fait la malade.

XXIIe. SÉANCE.

15 Novembre.

La D^{lle}. Samson arrive à neuf heures vingt-trois minutes ; elle tousse plus que de coutume, et dit que le pharmacien ne lui a pas donné son julep.

Je l'endors en une minute et demie.

D. Combien de temps voulez-vous dormir ?

R. Une demi-heure.

D. Avez-vous vomi hier ?

R. Non, monsieur.

D. Eh bien ! M. Husson vous voit pour la dernière fois aujourd'hui. Il faut que, pendant la demi-heure de sommeil que vous vous prescrivez, vous le satisfassiez.

R. O Dieu ! comme vous me tourmentez ! vous me poussez à boulet rouge. Si j'étais médecin comme vous, je vous dirais de suite ce qu'il me faut ; je vois bien mon mal, et je ne puis vous dire encore ce qu'il me faut pour me guérir.

D. A-t-il changé ?

R. Oui ; j'ai du mal dans l'estomac, j'ai des boutons, ils sont rouges ; mon cœur n'est pas en révolution comme il y était, il s'en faut de beaucoup !

D. Et la fibre ?

R. Elle n'est plus dans la même direction, je vous l'ai dit l'autre jour.

D. N'avez-vous plus rien à me dire ?

R. Non, monsieur.

D. Avez-vous trouvé le remède ?

R. Non.

R. Le trouverez-vous quelque jour, enfin ?

D. Oui, certainement ! j'en suis très-occupée.

Elle est réveillée en une demi-minute, soupire et tousse, comme aux autres séances.

XXIIIe. SÉANCE.

16 Novembre.

Ici la scène change ; M. Geoffroy reprend son service à l'Hôtel-Dieu, M. Husson passe à l'hospice de la Pitié,

Je demandai à M. Geoffroy la permission de continuer les expériences magnétiques, pour répondre au vœu des spectateurs habituels, espérant d'ailleurs moi-même obtenir de plus amples renseignemens de la D^{lle}. Samson sur sa maladie, et parvenir enfin, par ses révélations, à cimenter sa guérison ; il y consentit. Cette première séance se passa donc en sa présence, et

encore devant plusieurs autres médecins qui sui-
vaient sa visite. On répéta les expériences des
jours précédens ; la malade fut encore pincée ;
mais on ne fit aucun essai nouveau, M. le médecin en chef et personne des assistans n'ayant
témoigné ce desir, ni rien indiqué qui leur parût
plus concluant que ce qui s'était fait.

La malade fut réveillée au bout d'une demi-
heure.

XXIVᵉ. SÉANCE.

17 Novembre.

Cette séance ne fournit aux observateurs rien
de plus remarquable que précédemment.

Depuis le 26 octobre que la Dˡˡᵉ. Samson
avait été magnétisée pour la première fois,
elle n'avait pas vomi. Car les deux vomissemens
des 1ᵉʳ. et 4 novembre, survenus dans l'intervalle,
ne peuvent être considérés que comme des accidens résultés de circonstances particulières, sans
lesquelles ils n'eussent pas eu lieu. La fièvre l'a-
vait absolument quittée, elle n'éprouvait plus
que rarement des palpitations ; elle se levait,
mangeait, digérait bien et se promenait une
partie de la journée ; enfin sa santé s'était amé-

liorée sensiblement. Je devais me flatter de détruire les impressions pénibles dont tant d'expériences douloureuses avaient frappé la malade,
de faire disparaître tout-à-fait les maux d'estomac
et de côté, enfin de la voir aller, chaque jour, de
mieux en mieux ; je me promettais d'apporter à
sa guérison finale plus de soins, plus de prudence
et non moins d'énergie magnétique. J'exprimai
cet espoir, avec quelque transport, devant l'assemblée, croyant que je serais libre de me livrer
à tout ce que l'intérêt qu'inspirait la malade, exi-
geait encore de moi. Quelles furent ma surprise
et ma douleur, quand, le lendemain 18, M. Geoffroy me pria de suspendre les séances et tout traitement magnétique ! Je craignis que la même ca-
lomnie tentée sous M. Husson, ne fût revenue
pour triompher de ma persévérance et de mon
dévouement ; mais je fus rassuré par d'autres mo-
tifs auxquels je devais condescendre sans réplique.

Sentant alors combien la santé de la D^{lle}.
Samson allait souffrir de la suspension or-
donnée, je crus devoir avertir M. Geoffroy et
ses internes de ce qui allait arriver, c'est-à-dire,
du retour des vomissemens et des autres symptômes menaçant la conservation de l'individu.

La malade s'était préparée pour venir à la
séance, lorsqu'on lui dit qu'elle ne serait pas

magnétisée. Elle se recoucha, et mangea comme à l'ordinaire ; mais, dans le cours de la journée, elle vomit tout ce qu'elle avait pris, et, le soir, elle eut un peu de fièvre.

Le lendemain 19, les vomissemens continuèrent ; des palpitations fortes se manifestèrent ; elle sentit des douleurs très-vives à l'épigastre, et elle ne put se lever le 20. M. Geoffroy ne prescrivait rien contre ses souffrances : tout ayant été essayé infructueusement, devait-on revenir aux mêmes traitemens ?

La malade resta sans soulagement jusqu'au vingt-huit ; elle était alors très-mal, à peu près dans le même état où elle se trouvait quand je la magnétisai pour la première fois.

M. Geoffroy qui la vit, ému de sa position, invita M. Robouam, encore interne, à la magnétiser sans aucun appareil quelconque, et le plus secrètement possible. Celui-ci qui ne demandait pas autre chose, profondément convaincu du bien qui devait en résulter, commença à la toucher le 29.

Aussitôt elle s'endormit et lui présenta, de nouveau, tous les phénomènes déjà observés dans le cours des séances. Elle lui dit, en sommeil magnétique, qu'il lui faisait beaucoup de bien, qu'elle serait plus long-temps à guérir, cette fois, à cause de l'interruption qui avait eu lieu : ce sommeil fut de trois quarts d'heure.

On lui fit prendre, après, quelques alimens qu'elle ne vomit pas.

M. Robouam continua de magnétiser cette fille, tous les jours. J'avoue que, malgré l'injonction que m'avait faite M. Geoffroy, j'allais, quelques fois, unir mes soins à ceux de M. Robouam, mais je n'étais plus que magnétiseur accessoire.

Peu à peu tous les symptômes fâcheux disparurent ; elle commença à manger le quart de portion, à boire de l'eau de gomme, du lait ; tout était bien digéré, la maigreur disparaissait à vue d'œil ; elle put se lever et n'éprouvait plus de palpitations que de loin en loin. Dans le courant du mois de décembre, les douleurs à l'épigastre disparurent presque entièrement. Le rétablissement nous sembla tout-à-fait assuré ; quelques vomissemens et des palpitations s'étant montrés, de nouveau, nous reprîmes notre tâche magnétique ; l'époque mensuelle vint à se déclarer et dura, cette fois, trois jours, avec abondance. Dès-lors la malade se trouva beaucoup mieux et n'eut plus besoin que de quelques soins. Aucuns accidens ne s'étant renouvelés, elle pouvait faire le service de la chambre et se livrer, sans ressentir d'incommodités, aux travaux de sa condition.

La D^lle. Samson sortit, enfin, de l'Hôtel-Dieu, dans un état de santé suffisamment consolidé, le 20 janvier 1821.

———

J'ai promis une narration fidèle des faits; l'exactitude scrupuleuse que je m'étais imposée, m'a rendu prolixe : mais on excusera ce tort, en raison de la nécessité où je me suis trouvé de relater quelqu'uns des procès-verbaux, presque en entier.

Je dois, pourtant, encore entrer dans quelques considérations générales sur tout ce qui vient d'être dit.

Je ne doute point que la malade n'eût donné des signes de sommeil lucide, beaucoup plus prompts et plus satisfaisans,

1°. Si elle n'avait jamais été entourée que de deux ou trois personnes, au plus, se tenant dans un repos absolu et passif, à une certaine distance d'elle;

2°. Si, à la place d'assistans, presque dans un sentiment secret d'incrédulité, peut-être même de rébellion contre le magnétisme, mais déguisé sous l'apparence d'une louable curiosité, les spectateurs eussent, quoique ignorant les effets généraux du somnambulisme, mis une bonne foi complète dans l'exploration qu'on se proposait de faire, méthodiquement, des phénomènes du magnétisme animal, annoncés, de tous les côtés, dans le monde;

3°. Si, attendant, de la nature, des effets extraordinaires, on eût eu la patience de les laisser se développer, chaque jour, à l'aide de la provocation magnétique pendant chaque séance, au lieu de montrer un empressement extrême de les faire arriver coup sur coup;

4°. Si chacun se fût laissé persuader que l'on aurait été bien mieux éclairé, par les circonstances nées de l'état sans cesse modifié de l'individu et des progrès journaliers de sa lucidité, que par des expériences, en dernière analyse, douloureuses pour lui, et qui contrariaient constamment la méditation interne dans laquelle toutes les questions et les actes de ma volonté tendaient à la plonger.

Ainsi, au lieu de voir et d'entendre une somnambule très-lucide, on n'a vu que les effets d'un somnambulisme assez borné dans ses manifestations extérieures; on n'a pas eu toutes les révélations qu'on pouvait en attendre.

Je regarde donc comme extrêmement heureux que la malade ait été guérie; mais je

crois devoir faire remarquer que l'amélioration
positive de sa santé ne date réellement que du
moment où elle a été magnétisée par M. Robouam, et où il a su régulariser son action,
de manière à ne pas troubler le lendemain les
bienfaits de la veille.

Dès-lors, docile à mes conseils et rempli sur-
tout de la plus sincère bonne volonté pour son
soulagement, il a pu reproduire, à son gré, après
l'action immédiate, celle à distance, celle inter-
ceptée par une cloison, soit à l'effet d'obtenir le
sommeil, soit de le dissiper ; mais il s'est exposé
à détruire tout son ouvrage, lorsqu'il a soumis la
malade à des expériences pénibles, quoique sans
lui nuire visiblement. Je suis persuadé qu'alors la
conviction intime et le désir ardent de faire du
bien, ont neutralisé, autant que possible, les
effets préjudiciables qu'auraient eu ces essais, s'il
n'eût voulu que faire des expériences. Aussi,
la Dlle. Samson m'a-t-elle dit plusieurs fois,
durant cette dernière série de son traitement,
que je lui faisais beaucoup plus de bien que
M. Robouam, quand je venais la magnétiser.

Mais je conviens que les séances entreprises à
l'Hôtel-Dieu, avaient pour but principal d'observer les divers phénomènes magnétiques, et, de
plus, jusqu'à quel point ils modifieraient les pro-

priétés vitales du corps humain. Tout désir de
ma part de travailler, uniquement et avec persévérance, à la guérison de la malade, dut donc
céder au désir de s'instruire qu'apportaient, de
leur côté, des spectateurs avides des progrès de
la science physiologique.

En conséquence, toutes les expériences qui
m'ont été proposées dans le cours de nos séances, ont été faites au gré des assistans, et je n'en
ai arrêté par fois que les excès trop prolongés.

Le résultat des observations sera donc que la
malade arrivait, dans la salle des séances, avec
une toux fréquente et opiniâtre qui était toujours
calmée dès la première atteinte magnétique, et
ne se reproduisait qu'au sortir du sommeil qui
s'ensuivait.

Les pulsations qui, dans l'état de veille, étaient
de soixante-cinq à soixante-dix par minute, s'é-
levaient alors de cent quinze à cent vingt, dans
le même espace de temps.

Les inspirations, au nombre de vingt-deux à
vingt-cinq par minute, se réduisaient au contraire à quatorze et même à douze.

La malade, une fois soumise à l'action du magnétisme, a été toujours endormie, ou par un léger contact, ou par un geste fait à diverses distances, même malgré l'intermédiaire d'une cloi-

son épaisse; et ce sommeil particulier, durable, a différé en tout du sommeil naturel ordinaire.

Dans cet état, elle est toujours demeurée impassible au bruit des cloches de Notre-Dame et de tout bruit fait, autour d'elle, avec diverses matières plus ou moins sonores, ou avec la voix fortement poussée dans ses oreilles. Elle est restée absolument insensible à tout contact extérieur, qui ne venait pas du magnétiseur. Ainsi, le contact violent et les pincemens sur les membres, les chatouillemens, tels que celui aux lèvres et au nez avec des barbes de plumes, exercés à diverses reprises, par quelques-uns d'entre les observateurs, n'ont rien changé à sa pose, ni pu exciter aucun mouvement. Au réveil, des convulsions plus ou moins fortes en ont toujours été la conséquence, et jamais elle n'a eu la mémoire de ce qui s'était passé durant son sommeil.

Pendant tout le temps qu'elle a été magnétisée par son premier magnétiseur, aucuns soins, pour la mettre en rapport avec quelque assistant, n'ont eu de succès.

Au contraire, elle entendait le magnétiseur de près, ou à distance, qu'il lui parlât haut ou bas;

Elle était sensible à la direction de sa main vers elle, sans qu'elle en vît l'action et même qu'elle pût la supposer agissante;

Elle était mobile au gré de la volonté du magnétiseur, auquel cherchant à résister d'abord, elle finissait toujours par céder en très-peu de temps; toutes les douleurs avec lesquelles elle arrivait, ou qui survenaient pendant la séance, étaient toujours calmées, et elle se félicitait chaque fois du bien-être qu'elle éprouvait d'un état qui lui était imposé comme malgré elle.

Dans cet état de sommeil magnétique, elle est passée bientôt en somnambulisme lucide, à un certain degré; et le magnétisme a été pour elle un remède auquel elle s'est attachée, du premier jour, en déclarant que c'était tout ce qu'il lui fallait pour guérir.

Les accidens graves de la maladie sont en effet disparus, à mesure que la malade a été magnétisée, et ils se sont manifestés de nouveau aussitôt qu'on a cessé de le faire.

Pendant le cours du traitement magnétique de la fille Samson, M. Robouam, frappé des effets obtenus dans nos séances, essaya les procédés que je lui fis connaître; il réussit d'abord à magnétiser utilement une femme qui vomissait depuis plus long-temps que l'autre malade, et qui, de plus, avait une hydropisie ascite.

Depuis ce moment, les vomissemens furent entièrement suspendus; le sommeil magnétique fut presque le même que celui observé chez la première.

Il est encore parvenu à faire un autre somnambule d'un malade affecté de coxalgie, et qui lui présenta, dès la première séance, l'isolement observé chez les deux autres.

Il avait été à même de vérifier que des douleurs très-cuisantes ne détruisaient pas l'isolement du somnambule, tombé dans l'état d'impassibilité apparente ; voici comment :

La Dⁱˡᵉ. Samson lui dit, un jour, très-éveillée, vous prétendez que je dors et qu'aucun effort pour me réveiller ne réussit ; mettez-moi donc les jambes dans un bain de moutarde, et vous verrez si je ne suis pas réveillée aussitôt ! Le sinapisme fut en effet administré durant le sommeil magnétique, et beaucoup plus fort qu'il n'est d'usage de l'employer communément ; toutefois, sans que la malade eût été prévenue, à l'avance, que l'on agirait d'après son conseil.

On la tint dans ce bain plus long-temps que de coutume, la peau fut entièrement rubéfiée ; mais la patiente ne témoigna nul désir d'en sortir et n'éprouva aucune douleur apparente. Au réveil, elle fit des cris perçans, dit qu'on l'avait brûlée, et s'indigna qu'on l'eût traitée ainsi, dans le dessein, sans doute, de la faire souffrir davantage.

Cette suite d'essais inutiles pour vaincre l'état
d'insensibilité extérieure, reconnue chez les divers malades qui avaient été magnétisés dans l'hôpital, et dont il vient d'être parlé, conduisit
M. Récamier, dans les premiers jours du mois de
janvier 1821, à porter les expériences jusqu'au
dernier période d'attaque. Il invita M. Robouam
à faire passer en somnambulisme les deux malades affectés d'ascite et de coxalgie ; il eut la pré-
caution de prévenir les individus que, s'ils s'en-
dormaient aussi complaisamment sous les passes
de son interne, il leur ferait appliquer de suite
un moxa.

Les deux malades, successivement magnétisés,
furent chacun, en très-peu de temps, en état de
somnambulisme parfaitement isolé, comme on
va le voir.

Alors, M. Récamier fit en effet appliquer le
moxa sur l'épigastre de la femme et sur l'arti-
culation coxo-fémorale de l'homme, et le souffla
lui-même. Aucun des deux malades ne donna, ni
dans le cours du sommeil magnétique, ni pendant que l'opération dura, de signe quelconque
de sensibilité ; mais au moment où M. Robouam
fut obligé de les réveiller, l'un et l'autre ressen-
tirent toutes les douleurs attachées au genre d'o-
pération qu'on leur avait fait supporter.

Il n'a pu continuer plus long-temps ses observations particulières. Du reste, les expériences de l'Hôtel-Dieu ont été le signal de faits
semblables dans plusieurs hospices : quelques
médecins ou étudians en médecine, de ma con-
naissance, y ont obtenu, depuis, des phénomènes
non moins remarquables que ceux dont je rends
compte.

Il ne me reste plus qu'à mettre en parallèle, ici,
l'aperçu que M. Amédée Dupau a donné, en
janvier dernier, des séances de l'Hôtel-Dieu.

La critique qu'il se permet, sur parole, des expériences faites, ne prouvera ni une lumineuse
sagacité, ni son amour sincère pour la vérité.
Ne convenait-il pas mieux qu'il attendît que le
rapport de ces séances, fait par des témoins ocu-
laires, eût été rendu public ? C'est alors seulement
qu'il n'aurait pas couru le risque de se fourvoyer
inconsidérément et de donner l'exemple d'un
jugement porté prématurément, sans connais-
sance complète de cause ; c'est alors qu'il eût
été libre de dépecer à son gré le matériel des
faits, et d'en tirer telles conclusions que bon lui
eût semblé, pour ou contre l'existence d'un fluide,
premier et principal agent des phénomènes magnétiques ; ou bien, tout en faveur de l'imagination, comme seul mobile de ces phénomènes.

Mieux instruit, il aurait eu probablement la dis-
crétion d'éviter d'appeler *manœuvres magnétiques*, le geste à l'aide duquel le magnétiseur
dirige son action sur tel ou tel point, et fixe
sa propre attention pendant qu'il agit. Il eût senti
que le mot *manœuvre* entraîne toujours après
soi, dans le sens moral, une idée défavorable,
dont il ne fallait pas commencer par frapper
et le magnétiseur, et les observateurs, et le
médecin, protecteur des expériences. Il se fût
gardé encore de glisser, dans ses doutes, le mot
de *connivence* entre le magnétiseur et la magnétisée; car ces deux expressions, peu mesurées,
prouvent, de la part du critique, beaucoup moins
de franchise, que de plaisir secret à jeter un
certain vernis de ridicule sur la série générale
de ces essais, et, en particulier, sur la confiance
de M. Husson, que l'on a l'air de regarder
comme dupe de ses précautions, et privé, dans
cette circonstance, de l'*esprit sévère d'observation* qu'on a loué auparavant, sans doute par
compensation oratoire.

Il ne faut pas toujours être en sommeil naturel, ou en somnambulisme, pour que l'imagination exerce sur nous son fantastique em-
pire, pour qu'elle nous prête des illusions chi-
mériques, quoique séduisantes. Elle peut plonger

notre esprit dans un état de rêve plus ou moins prononcé, enfanter des théories brillantes dans telle ou telle science : on excusera toujours ses écarts, tant qu'ils ne pourront nuire à personne ; mais au moment où l'amour-propre, de son côté, par quelque condescendance pour de certaines opinions ou de certaines personnes, entraîne l'esprit au-delà des bornes posées par les convenances sociales, où il fait argumenter un écrivain sur des cas arrangés évidemment à dessein de se donner l'air imposant de la raison ; on doit avertir celui-ci qu'il est un plus noble emploi des lumières et du talent d'écrire.

Parmi une cinquantaine de personnes qui ont assisté aux expériences, je vais citer les noms des médecins qui ont suivi les séances, le plus exactement.

Madame S^{TE}.-MONIQUE, *Mère-Religieuse de la salle Ste.-Madelaine.*

M. HUSSON, *Médecin en chef, par quartier, des salles Ste.-Agnès et Ste.-Madelaine.*

M. GEOFFROY, *idem.*

M. RÉCAMIER, *idem.*

M. ROBOUAM, *Interne.*

Messieurs les Médecins suivant les visites.

BARENTON.	JACQUEMIN.
BARRAT.	KERGARADEC (J. A.)
BERTRAND.	LE ROUX (F. M.)
BOISSAT.	MARGUE.
BOUVIER.	PATISSIER.
BRÉHERET.	ROUGIER.
BRICHETEAU.	ROSSEN.
BOURGERY.	SANSON.
DE LENS.	SABATIER.
DRUET.	SOLON (Martin.)
FOMARS.	TEXIER.
HUBERT.	

---

*Copie du paragraphe concernant les observa-
tions, objet de cette narration, et occupant les
pages 43 à 46, dans l'analyse signée Amédée
Dupau, d'un ouvrage sur le magnétisme
animal, insérée à la page 20 de la Revue
Médicale, IIe. année, Ire. livraison, 1821.*

« Je dois rapporter ici les observations qui ont
fait grand bruit à l'Hôtel-Dieu de Paris, dans le
courant des derniers mois. Des médecins ins-
truits, expérimentés, et même incrédules au
magnétisme, ont présidé à ces essais devant plu-

sieurs élèves. Comment douter de la véracité de
tant de témoins si capables de bien observer?
Une femme était entrée à l'hôpital pour des vomissemens spasmodiques que rien n'avait pu ar-
rêter. Un jeune homme s'étant aperçu qu'elle
était très-sensible aux procédés magnétiques,
enavertit M. H......, médecin, qui joint à des
connaissances positives une méthode sévère d'observation. Après divers essais, on décida qu'il
fallait magnétiser cette femme, à distance, sans
qu'elle vît son magnétiseur, ni qu'elle fût prévenue de son arrivée. Plusieurs médecins de
l'Hôtel-Dieu voulurent assister à cette dernière
épreuve, ou, comme on le disait, à la mystifi-
cation des magnétiseurs. Le jeune homme fut
placé dans un lieu séparé par une cloison, et, à
un signal convenu, il commença ses manœuvres
magnétiques. Bientôt cette femme tirailla ses
membres, se tourna, se retourna, et tomba dans
le sommeil lucide. Cette expérience a été reprise
à plusieurs jours d'intervalle, toujours avec le
même succès.

» Cependant M. H... ne fut point convaincu; craignant que la réunion de plusieurs personnes autour du lit, peut-être même qu'un
mot imprudent n'eût averti cette femme de ce
qu'on voulait faire, il se rendit un soir à l'Hôtel-

Dieu avec le magnétiseur, qu'il fît cacher dans
le lieu ordinaire, après avoir concerté l'instant
fixe où il devait commencer. M. H..... fut
d'abord visiter deux malades qui lui donnaient
de l'inquiétude dans la salle; puis, en passant,
demanda à la femme somnambule comment elle
se trouvait, et s'approcha indifféremment. Dès
que le moment convenu fut arrivé, la malade
éprouva tous les préludes du sommeil et tomba
dans le somnambulisme, où elle resta très-long-
temps.

» Maintenant, y avait-il connivence entre le
magnétiseur et cette femme? Le bruit qu'on a
fait pour le cacher, et les regards des assistans,
qui se portaient tantôt sur elle, tantôt sur le lieu
où il était renfermé, ont-ils suffi pour la mettre
dans la confidence? Je n'en sais rien : mais si
le fait est vrai dans tous ses détails, je crois que
ce n'est point le magnétiseur caché qui a agi sur
la malade, mais bien les assistans, dont les
discours l'ont frappée par l'idée qu'elle allait
être magnétisée, et dont les yeux, au moment
du signal, se sont fixés sur elle, pour ne point
perdre un geste ni un mouvement. Que faut-il
de plus pour développer tous les phénomènes
magnétiques sur une personne prédisposée à ce
genre d'affection nerveuse? Quant à M. H....,

dans son expérience solitaire, je ne puis accuser que lui. Malgré toutes ses précautions, il n'a pu empêcher que sa visite, le soir, ne surprît la malade ; que ses questions sur son état n'excitassent son imagination effrayée ; que, par le contact de ses mains, il ne procurât quelques sensations vivement ressenties. Enfin, il n'est point jusqu'à l'heure qui ne fût favorable au développement du somnambulisme. Ainsi, d'après ce fait, M. H..... peut se croire aussi grand magnétiseur que MM. Deleuze et de Puységur, puisque sa présence a suffi pour faire ce prodige. Ce sera sans doute un exemple d'éréthisme nerveux fort extraordinaire ; mais bien souvent une attaque de nerfs, une hystérie, est déterminée chez une personne très-susceptible, par des causes aussi peu appréciables..... »

Nota. Quelques personnes ont pris la peine ou de venir me voir, ou de m'avertir qu'on se proposait de réfuter la brochure que j'allais mettre au jour. J'avoue que je ne sais trop comment on peut combattre des faits, et des faits narrés sans aucunes réflexions de ma part, sans que je me sois permis d'émettre aucune opinion sur les causes des effets obtenus, ou en faveur de tel ou tel des systèmes que quelques magnétiseurs physiologistes voudraient faire dominer exclusivement. Je préviens que je ne me crois point,

du tout, obligé de répondre à aucune réfutation , à aucune
diatribe qui me serait adressée , ou bien qui serait lancée
dans le public , au sujet de ce rapport des séances magnétiques de l'Hôtel-Dieu de Paris.

FIN.

IMPRIMERIE DE A. BELIN.

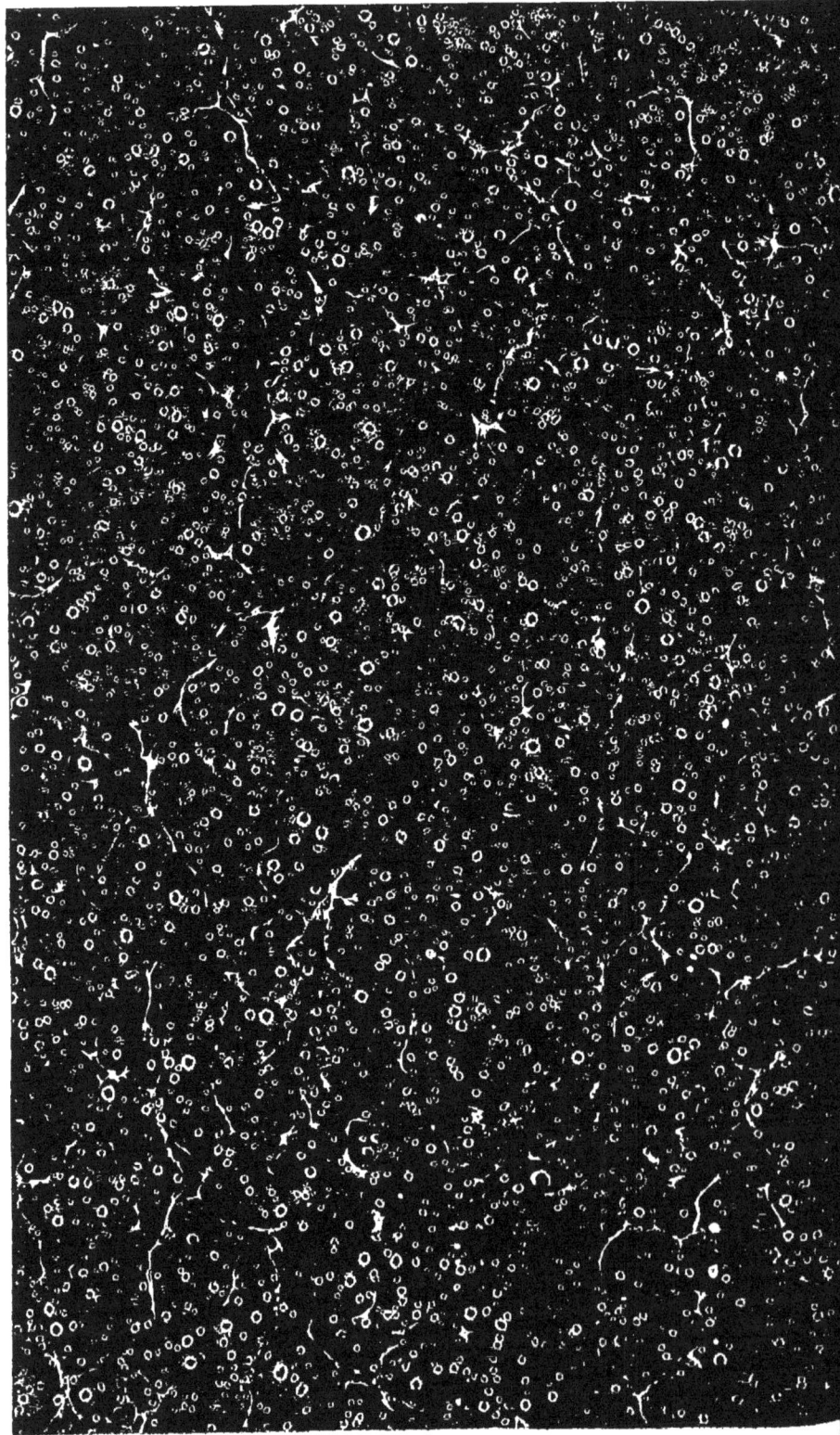

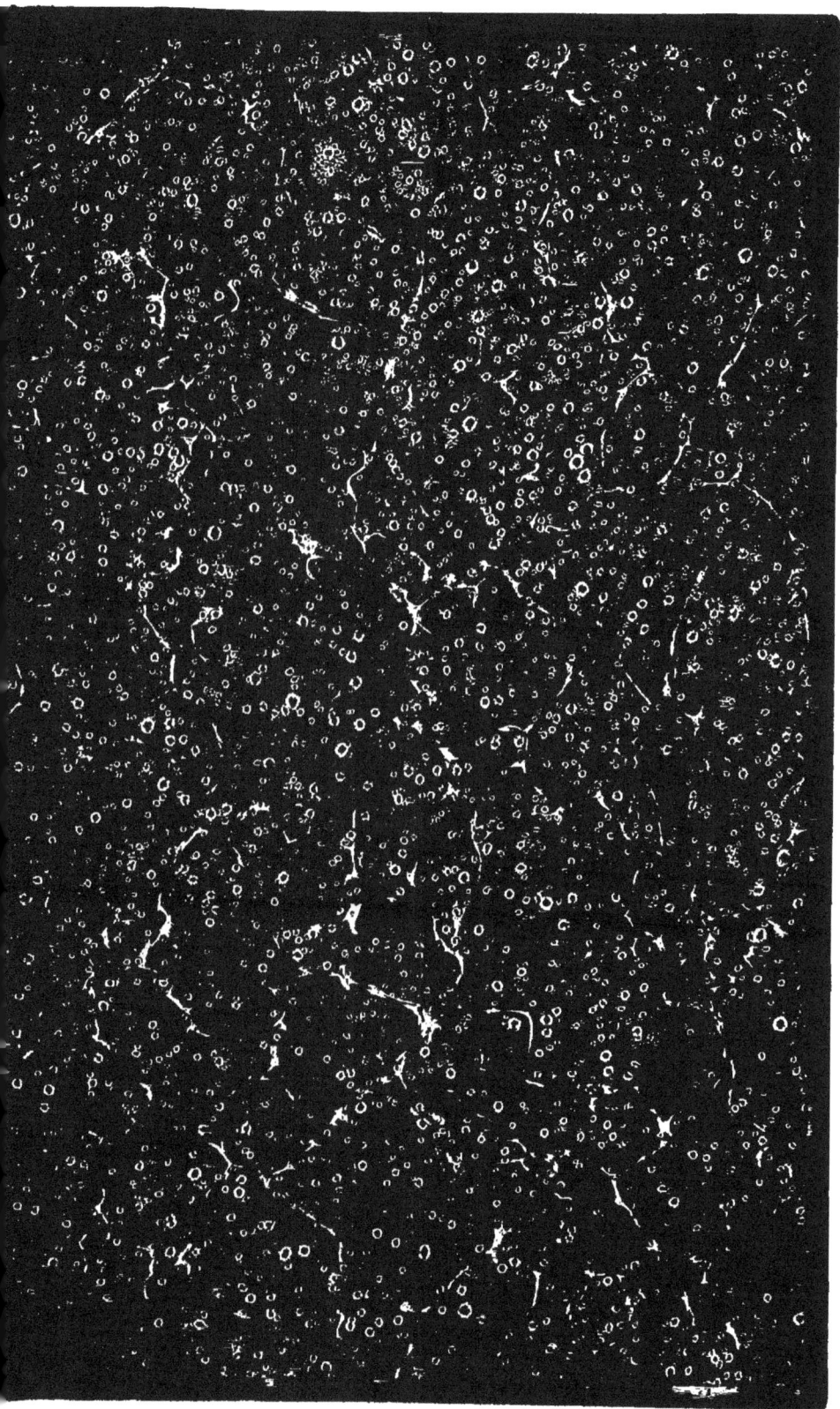